国家出版基金资助项目
湖北省公益学术著作出版专项资金资助项目
中国城市建设技术文库
丛书主编 鲍家声

The Research on Emotional Design and Aging Adaptability
of Urban Small-micro Public Spaces

城市小微公共空间
情感化设计与适老化研究

汪丽君 刘荣伶 孙旭阳 著

华中科技大学出版社
http://press.hust.edu.cn
中国·武汉

图书在版编目（CIP）数据

城市小微公共空间情感化设计与适老化研究 / 汪丽君, 刘荣伶, 孙旭阳著.—武汉：华中科技大学
出版社, 2023.8（2023.12 重印）
（中国城市建设技术文库）

ISBN 978-7-5680-8944-9

Ⅰ.①城… Ⅱ.①汪… ②刘… ③孙… Ⅲ.①城市空间－公共空间－空间规划－研究－中国
Ⅳ.①TU984.2

中国国家版本馆CIP数据核字(2023)第005030号

城市小微公共空间情感化设计与适老化研究　　　　汪丽君　刘荣伶　孙旭阳　著
Chengshi Xiao-wei Gonggong Kongjian Qingganhua Sheji yu Shilaohua Yanjiu

出版发行：华中科技大学出版社（中国·武汉）	电话：（027）81321913
地　　址：武汉市东湖新技术开发区华工科技园	邮编：430223

策划编辑：张淑梅	封面设计：王　娜
责任编辑：张淑梅	责任监印：朱　玢

印　　刷：湖北金港彩印有限公司
开　　本：710 mm×1000 mm　1/16
印　　张：16.5
字　　数：276千字
版　　次：2023年12月第1版 第2次印刷
定　　价：98.00 元

投稿邮箱：zhangsm@hustp.com

作者简介

汪丽君　女，天津大学建筑学院教授，博士生导师，建筑系系主任，国家一级注册建筑师。1992年进入天津大学建筑学专业学习，2003年博士毕业于天津大学建筑设计及其理论专业，师从中国科学院院士彭一刚教授，长期关注建筑类型学理论及其在地域建筑、历史环境再生与城市微更新领域应用的研究。国家留学基金管理委员会公派美国弗吉尼亚大学访问学者、东京大学与新加坡国立大学高级访问学者。

刘荣伶　女，2020年博士毕业于天津大学建筑设计及其理论专业，国家留学基金管理委员会公派德国柏林工业大学联合培养。现为河北工业大学建筑与艺术设计学院副教授。

孙旭阳　女，2021年博士毕业于天津大学建筑设计及其理论专业，国家留学基金管理委员会公派澳大利亚南澳大学联合培养。现为河北工业大学建筑与艺术设计学院讲师。

国家自然科学基金面上项目

"天津旧城区户外小微公共空间适老性研究"（51978442）研究成果

序：让城市回归情感化的日常精神

　　城镇化快速发展和人口老龄化，使得当前城市正经历从增量规划到存量规划的重大转型。我国城市公共空间的建设正经历着由"速度优先"转变为"品质优先"的过程，对公共空间的研究经历了从质性的宏观理论体系建构到量化的微观感知测度发展历程。当前城市空间研究呈现出更加注重"精度"（细节）与"温度"（人性场所）的新趋势，研究关注的侧重点也由空间景观效果的营造和基本使用功能的满足转向人在空间中的情感体验等。

　　以往对公共空间的研究与实践多集中在大尺度与地标性的公共空间中，而对小微公共空间这种人们日常生活中依赖度高的城市公共空间类型缺乏重视。但在当前城市微更新建设趋势下，城市小微公共空间在修补城市断裂尺度、连接人与城市等方面具有重要意义。情感化设计与适老化研究的介入进一步推进了内涵特征在空间情感体验方面的深刻影响及隐形逻辑映射，揭示了小微公共空间的天然情感属性，突显依托空间形态的精细化设计和日常精神挖掘传递的情感能量。

　　笔者的课题组多年来一直致力于建筑类型学与城市形态学理论与方法研究，以及城市公共空间设计和工程实践，曾主持完成 2018 年天津市社科界千名学者服务基层活动大调研重点项目和 2019 年天津市社科界千名学者服务基层活动大调研"结对子"项目"健康宜居视角下天津市既有社区公共空间适老化改造对策创新研究"（180502008/19020130）等课题，主持完成"天津滨海新区公共空间体系规划""正定新区生态示范城市公共空间复合利用模式研究"等相关设计项目。本书系笔者正在主持的国家自然科学基金面上项目"天津旧城区户外小微公共空间适老性研究"

（51978442）研究成果。

本书以二十大精神为指引，践行"高质量发展是全面建设社会主义现代化国家的首要任务"的目标要求，核心内容分为上下两篇。

上篇第 2 章至第 5 章由刘荣伶博士执笔，综合建筑类型学、环境心理学、建筑现象学等相关理论基础和广泛的实地调研，提出小微公共空间的广义和狭义概念、规模与内涵，将小微公共空间的空间形态分为建筑贴附型、街道衍生型、"L"围合型、"U"围合型、"口"围合型，并归纳出驻留型和穿过型两种使用行为模式。借鉴情感化设计和感性工学理论，构建城市小微公共空间情感化设计研究体系，形成小微公共空间设计语境下的本能、使用和反思层面情感诉求含义，从情感载体、情感呈现及情感人像角度阐述小微公共空间情感化设计理论和方法基础。后以天津市空间结构为研究对象，选取城市新区、历史街区和生活社区三种样本提出情感化设计导引。

下篇第 6 章至第 9 章由孙旭阳博士执笔，在理论研究基础上，解析小微公共空间的适老化内涵，通过"体悟城市·遇见空间"和"照片拍摄·场景记录"的方式对旧城区小微公共空间进行系统的实地调研，剖析和分解基于"行为－感知"测度的旧城区户外小微公共空间适老化实证研究路径。选取生活性街道空间和街角小微公共空间两种典型类型的旧城区小微公共空间，借助统计学交叉学科方法，探索老年人在空间中的行为、感知与空间形态本身的关联机制，完成以路径方法探索为目标、基于"行为－感知"测度的旧城区户外小微公共空间适老化实证研究，以期能够为我国城市微型尺度公共空间的精细化设计与适老品质提升提供参考。

本书力图挖掘和回溯公共空间本身的人本尺度讨论、设计操作、城市关联性和日常生活氛围等建筑学科问题，从"小微"中探寻"宏大"思考。借助内涵梳理架构起理论与实践的衔接桥梁，面向具有广阔应用前景的小微公共空间在城市微更新中的落地实践，以期重新激发本应弥漫在城市公共空间中但遗落已久的日常生活气息。

汪丽君

二〇二三年三月于北洋园

目　录

1

概　　述

自城市诞生之日起，公共空间在城市环境及建设中便占据了极其重要的位置，也一直是建筑、城市和社会学领域热议的命题。众所周知，城市公共空间影响人们对城市的感知，是城市生活的日常经验与社会交流发生之处，是居民享受城市空间和进行社交活动的重要场所。因此，城市生活的多样性决定了城市公共空间层次体系的丰富性，克利夫·芒福汀（Cliff Moughtin）在《街道与广场》一书中曾列举多达十种分属不同层级和系统的城市公共空间类型。

　　自 20 世纪 70 年代末开始我国城市急剧扩张，经过五十多年的大规模建设后开始放缓脚步，城市已粗具规模，面向城市宏观层面整体范围的公共空间结构基本定型。诚然，城市建设离不开以大中型公园、广场、交通枢纽及滨水绿道等为代表的传统公共空间对城市空间结构的连续性控制。点状、面状的分布式空间格局并不代表完善的城市公共空间体系的最终确立，还需要依托微观层面，尤其是触及人本尺度的微型和小型尺度公共空间的落地实践，以平衡大型公共空间在分布数量上的失衡和城市空间尺度上的缺憾。这些与个体的"人"关系最密切的小微公共空间场所是本书探讨的重点。

1.1 公共空间微型化发展趋势

　　城市中心区面临空间紧缩与资源饱和，中国城市正步入存量规划时代（范丽君，2013）。受可建设土地资源匮乏和经济、政策等多方面限制，在城区建设大型公共绿地、城市公园已成奢望。布局分散且灵活多变的小型和微型公共空间将成为更贴近市民日常生活、使用频率更高、更节约土地资源的公共空间类型。

　　以天津市城市园林绿化情况为例，2016 年至 2020 年公园数量（单位：个）、建成区绿化覆盖率（单位：%）、建成区绿地率（单位：%）、人均公园面积（单位：m^2）如图 1-1 所示。人均公园面积降低了 0.3 m^2，低于同年全国人均公园面积 13.35 m^2 [1]，揭露出天津市人均享有公园面积明显不足。另一个统计数据是 2019 年

---

[1] 2016 年城乡建设统计公报 [EB/OL]. 中华人民共和国住房和城乡建设部，2017-08-18[2022-07-23]. http://www.mohurd.gov.cn/xytj/tjzljsxytjgb/tjxxtjgb/20170 8/t20170818_232983.html.

和 2020 年天津市各区公园的平均面积为 1.1~48 公顷，小尺度公园数据鲜出现在年鉴数据库中。

在高密度中心城区再难开发大规模城市公园绿地，仅仅依靠某一两座大型公园实现规划总面积数上的激增效果和数据上的美观呈现，实则没有完全对接到每个市民的日常生活需求。发展和开拓小尺度公共空间，可将原先大公园承担的绿化休闲职能分散到斑块和点状公共空间中，挖掘城市剩余地块价值，积少成多，集腋成裘。相似的情况同样发生在其他城市，以上海中心城区绿地开放空间增量为例，已接近零增长。北京、武汉等地的绿化、园林规划部门已经将公共空间工作重点转到口袋公园、微公园等的建设和城市局部小型衰败地段的更新改造上。

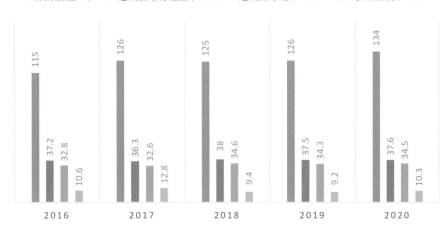

图 1-1　天津市城市园林绿化情况

（资料来源：根据 2017 和 2021 年天津统计年鉴整理绘制）

1.1.1　虚拟信息技术对公共空间的认知颠覆和情感冲击

对公共空间来说，目前面临的情况比较复杂：互联网信息技术对公共领域产生日常加持，海量数据对公共空间进行升维与降维解析，网络社会消解重构着实体公共空间。新媒体的广泛应用极大影响了人们的生活、生产和社交方式，也引起人类对空间认知的颠覆性变化。

网络是把双刃剑，海量的图像轰炸导致物象情感的抽离，网络虚拟社群充分满足了人类对集体共同感的本能追求，加之 20 世纪以来经济发展对城市蔓延的推动，城市建设注重展示性景观和纪念性广场工程，这些场所忽视人与城市空间直接接触的机会，甚至排斥日常生活，走向了背离自身本质的秀场。双向的内外因素导致城市广场自诞生以来所承担的功能属性受到极大冲击。

虚拟网络空间虽能满足人性化需求进而影响传统公共空间发展，但人们在生理上对健康和自然的诉求与渴望并没有改变。人类对美好自然环境、和谐人际关系的情感需求也愈发强烈。

1.1.2 超大型公共空间的泛滥造成城市肌理断裂

以纪念、工程、展示为主的巨型广场撕裂了街区现有肌理，破坏了城市文脉。大型、超大型公共空间在规划层面的规模失控状态，已经使其失去对公共空间结构体系的统领和控制能力，最终反噬自身，造成其在城市环境中的失衡。宏大叙事背景下气势磅礴的公共开放空间缺失了生活本身。城市建设应当关注宏大叙事和微小叙事的搭配，既要有高起点、大气魄，又要做到新与旧、局部与整体、理性与感性之间的恰当平衡。"加强城市设计，提倡城市修补"已经成为后工业化时期我国城市发展的指导方针之一和普遍共识。

综上，大型公共空间成为城市问题方面的众矢之的和时代冲突矛盾的焦点。一面是其对城市肌理造成的伤害，一面是其自身日益暴露的缺陷。这一矛盾焦点在当前人们生活方式急剧变化、追逐高质量生活及城市进入存量微更新的时代背景下变得愈发尖锐。建筑与城市的人性缺失体现出对身体与感觉的忽视，以及感知系统的不平衡发展，被标准化的现代主义设计蒙蔽的视觉和思维方式，使得原本基于感官、身体的记忆和想象无所适从。微观思考方式能够引发人性化尺度的再回归，通过小尺度空间场所承载的丰富细节重唤情感诉求。

1.2 小微公共空间的既有研究

展开对小微公共空间研究论述之前，认识和了解概念核心词组"公共空间"的研究发展脉络是十分必要的。因此本书将先概述城市公共空间的相关研究动态及价值观念衍化，随后在公共空间研究动态评述基础上开展泛小尺度公共空间研究梳理。

1.2.1 城市公共空间的研究动态

1. 城市公共空间主要发展阶段

在城市与建筑学界广泛讨论的"公共空间"（public space）概念脱胎于政治、哲学和社会学领域的"公共领域"（public sphere）一词，已成为不争的事实和普遍认可的观点。美国城市学者阿里·迈达尼普尔（Ali Madanipour, 2009）认为公共空间在城市区域的生活中起到至关重要的作用，而无论其是纪念性、回忆性、可接近性或有意义的地方。公共空间概念的复杂溯源、多学科的交叉融合及自城市诞生就存在的久远历史，吸引着大量学者围绕其体系建设、空间活力、形态类型、街道广场、品质感知、行为使用、可达性等展开多角度立体剖析，但应当指出的是将公共空间视为城市领域的重要核心议题的相关研究和讨论尚显不足，尤其以20世纪60年代为分水岭，由席卷欧洲的经济危机引发的社会危机波及整个西方世界，涌现出众多对现代城市问题的关注和对以功能分区为主导的现代主义城市规划思想的反思，西方学术界针对公共空间不同层面的含义形成了不同的理论思考，其发展历程大致可分为四个阶段。

（1）形成阶段——社会哲学政治层面（1950年左右）

"公共空间"最早出现在社会学领域。18世纪末，最先出现的阐述现代"公共性"的哲学讨论基础来源于康德（Kant）关于公共与私密、集体与个人关系的反思。随着第二次工业革命的完成，自我意识在西方人心中得到普遍增强，强化公众参与和个体投身公共事务意愿的现象产生。在此背景下，1958年著名哲学家汉娜·阿伦特（Hannah Arendt）首次提出"公共领域"。学者尤尔根·哈贝马斯（Jürgen Habermas）认为"公共领域"是指一种介于市民社会中日常生活的私人利益与国家权力领域之间的空间和时间。随后，刘易斯·芒福德（Lewis Mumford）将公共空间正式引入城市科学领域。

（2）发展阶段——人文关怀层面（1960年至1970年）

该阶段以简·雅各布斯（Jane Jacobs）、奥斯卡·纽曼（Oscar Newman）、芒福汀等为代表，着重理论角度的现代主义规划思想批判并倡导人性化维度的城市设计，关注视觉景观、空间尺度等人体感知方面的空间体验。凯文·林奇（Kevin Lynch）提出城市意象及城市空间五要素，C. 亚历山大（C. Alexander）从人的环境行为和心理感受评价公共空间，扬·盖尔（Jan Gehl）践行以人为本设计思想，在实践领域取得显著成就，创立PSPL（public space public life）调研法，致力于丹麦哥本哈根市公共空间的建设实践并将其推广到世界各地。

（3）完善阶段——多角度多元化层面（1970年至1980年）

城市公共空间被普遍接受并逐步成为城市及建筑学科探讨城市问题和建成环境与社会关系的平台。诺伯格 - 舒尔兹（Norberg-Schulz）在存在空间理论基础上凝练出"场所精神"；芦原义信（Yoshinobu Ashihara）围绕具体城市公共空间要素之一的街道，从视觉秩序出发进行了审美研究，并辨析了中西方街道态度观念差异；威廉·H. 怀特（William H. Whyte）对小城市空间的研究深入空间质性和形态抽象，对人的行为及心理和社会舒适感需求进行了系统调查。在众多研究方法和理论思潮中，类型学和形态学研究方法独树一帜。

① 类型学：以意大利建筑设计及理论家阿尔多·罗西（Aldo Rossi）从历史建造角度切入的类型学探究较为经典，深入解读城市建筑空间深层内核；格哈德·库德斯（Gerhard Curdes）引入结构概念，基于地理学和形态学的观点解析城市空间结构，论述城市空间构成与演变；罗伯特·克里尔（Robert Krier）以欧洲广场为例归纳城市空间形态现象，开创了使用类型学研究城市公共空间的先河。

② 形态学：康泽恩（Conzen）对英国阿尼克（Alnwick）城镇的研究着眼于街区内实体与空间的历史演变过程；斯皮罗·科斯托夫（Spiro Kostof）以历史视点观察城市形态模式要素与城市公共空间形态演进变化规律，围绕广场、街道的功能、形态进行研究；李文（2007）从宏观、中观和微观三个层面探讨城市构成要素对公共空间形态的影响，提出每个层面下公共空间形态的实施策略和设计原则；周祥（2010）关注于广州这一特定地域和时期（1759—1949年）下的城市公共空间形态及演变过程。

（4）数据时代——借鉴多学科理论提升空间量化研究能力（1980年至今）

学者不满足于空间形态的感性分析，开始逐渐探索如何量化空间的舒适度、活力指标、形态特征，以及如何用数据来精确解释开敞度、公共性、可达性等问题。在此背景下，空间句法、分形几何、形式语法、空间矩阵表和混合功能指标、地理信息系统（GIS）、泰森多边形（Voronoi）算法、手机数据流量、虚拟现实（VR）技术、心理数据获取等来自数学、地理信息技术、互联网科技和环境心理学等领域的量化分析手段逐渐介入空间数据分析实践中，从不同角度推动了城市空间形态的量化认知。

2. 城市公共空间价值观念衍化

（1）从视觉审美跨越到关注人体感知

关于城市公共空间的讨论，有从单纯地将空间作为一般客观对象发展为强调人的主体性角色的趋势，突出感知体验的价值。城市空间除却普适的审美意义外，更与人的行为、社会生活和文化内涵密切相关，尤其是借助开放大数据等新技术手段实现对感知体验的精细测度。对城市空间场所、空间结构、空间类型等的论述，也已经不再将城市公共空间看作功能的简单反馈和几何表征。

（2）从宏观把控到微观分析

无论是针对整体城市空间形态还是针对街道、广场等局部公共空间的研究，都已具备广泛的普遍性意义。近几年的研究开始着眼于真实的城市公共空间微更新案例和具体的城市空间形态及类型结构分析。此外，小型空间的研究和实践异军突起，有关微空间的研究日益增多。宏观和微观的二维辨析，也不局限于物性尺度层面，还根植于对空间概念特性及与社会关系的讨论中，从侧重抽象、整体及大尺度的空间设计转向细微尺度的意义偏重。

1.2.2 小尺度城市公共空间研究

1. 小尺度城市公共空间的研究梳理

在英文文献中，"微尺度"空间的研究少于"小尺度"空间的相关研究，笔者认为两种尺度之间并不存在绝对且严格的界限，对小尺度空间研究文献的整理，能够帮助理解和推动微尺度空间的研究。

新西兰奥克兰大学的威廉·约瑟夫·桑顿（William Joseph Thornton，2016）的博士论文围绕小城市空间的类型与思想观念辨析展开研究：认为该术语仅用于一般或广义术语定义，而不是描述特定类型或特定形式的空间。其将小城市空间定义为：一类相对较小规模尺度的城市空间，它们具备一定程度的公共可达性，有助于塑造宜居城市栖息地，能够吸引和容纳人们在空间中的停留和徘徊，如何理解小城市空间反映了塑造城市环境的态度。[1]

截至 2022 年 12 月，在中国知网 CNKI 数据库以关键词"小微公共空间"进行检索，限定范围为北大核心、CSSCI、CSCD、AMI 期刊来源类别和硕博学位论文，发现建筑学科分类下文献数量共有 5 篇期刊论文和 1 篇硕士论文。笔者于 2018 年在《城市发展研究》上发表的《天津滨海新区小微公共空间形态类型解析及优化策略》下载超过 960 次，被引 25 次。文章对小微公共空间进行了概念界定和研究脉络梳理，阐述了形态类型学视角下的公共空间研究综述及价值观念衍化。随后，以天津滨海新区为例，运用形态类型方法和 PSPL 调研法进行基础调研和数据整理，结合小微公共空间的活力现状和形态类型的对应关系，探讨了基于形态类型视角下小微公共空间的优化策略。

将小微公共空间概念进行扩展，抽取"口袋、小型、微型、袖珍"等描述规模特征的词和"公园、广场、绿地"等公共空间类型组合形成的各种概念名词，发现某一两个特定概念研究较多，相似概念庞杂，且关注侧重点差异较大。

"小微公共空间"首次出现在 2016 年周榕老师发表于《建筑学报》上的《向互联网学习城市——"成都远洋太古里"设计底层逻辑探析》一文中。作者以太古里范围内 5 个尺度的寺前广场（最大极值：65 m×55 m= 3575 ㎡）和众多穿插、渗透在街道周边仅数米范围的其他公共空间（最小极值 20 ㎡）为例，抛出由"小"和"微"

---

[1]William Joseph Thornton, *Differentiating Small Urban Space as a Type and an Idea*. 原文为：Small urban spaces are relatively smaller sized urban spaces with at least some level of public accessibility and contribute to a liveable urban habitat，especially by inviting and accommodating people to pause and linger – Such spaces are identified in essence by meeting or exceeding characteristics and qualities associated with "good" and "successful" urban spaces.

两字并置合成的"小微公共空间"概念。明确的尺度划定界限并非作者的本意，但却暗含其对小微公共空间规模范围的理解和对"小尺度"与"微尺度"作为两种细分层级类型的认知。文中论述了"小微公共空间"的设置能有效提升"场域身体黏度"，提出不同于大尺度城市公共空间的视觉公共性，小微公共空间更具有"体感公共性"和"小微公共性"。强调小尺度空间在强化身体体验、吸引空间使用者不断流连盘桓方面的独特优势。通过座椅、树木、街灯、水池、艺术品、标识、临时活动装置、街头商亭等独立的散点环境要素设计，使其成为场域中的视觉吸引点，其引发的自拍行为延缓了身体行进速度，继而加深了与环境的情感联系。作为"小微公共空间"正式登场的第一篇专业文献，出现在当月期刊主题"关注：城市公共场域的创新性定义"内，并明确指出了小微公共空间与体感、情感、公共性、身体等的密切联系。其余检索文章围绕社区微更新、创新治理、城市针灸（存量环境更新层面）、健康（生理健康层面）、设计研究和探究层面的空间营造等主题展开。

以"微型公共空间"为关键词的 39 篇文献中，围绕武汉市（武昌区、汉阳区、洪山区、江岸区）展开的研究多达 12 篇，多为针对具体区县开展的专项规划设计，侧重运用城市规划的思路和工作方法。董贺轩先后发表建筑设计视角下的微型公共空间生产（2016）和基于形态特征提取的微型公共空间设计导则研究（2018），提出微型公共空间概念。该学者对老年人活动（2017—2019）、微循环空间（2018）等研究均有涉及。

早在 1991 年《新建筑》杂志就刊登了题为《袖珍公园——一个"憩"与"用"的场所》的文章，该文是岩下肇等为 1988 年 *PA* 杂志 Pocket Park 专辑撰写的介绍文章的中译文。1992 年至 2018 年，2010 年出现研究数量顶峰后至 2017 年前有下降趋势，2017 年初见回升。其中以周建猷（2010）研究的美国袖珍公园的产生与发展、胡玥（2015）进行的北京什刹海地区袖珍公园现状分析和规划设计、谭少华（2016）梳理的袖珍公园对人群精神压力的影响因子、樊孟维（2017）研究的寒地城市口袋公园的设计策略探讨等文献为代表。而同袖珍公园（minipark 或 vest-pocket park）具有同源英文但不同中文翻译的口袋公园，以张文英 2007 年发表的《口袋公园——躲避城市喧嚣的绿洲》一文为标志出现在我国学术圈。文献数量自 2008 年至 2018 年逐渐增长，多从口袋公园的规划、设计策略、景观要素、使用者以及海绵城市、城市形态、高密度、城市中心区等视角展开。2016年赵建彤在《城市设计》撰文，重点解读旧金山车位微公园（parklet）发展计划，车位微公园将路侧一停车位规模大小的空间改造成可供行人驻足休憩的微公园，成为街道空间更新的创造性原型。

综上，对小尺度城市空间、小尺度城市公共空间的研究多围绕具体的空间设计策略、宏观的规划布局，也有针对具体地域、特殊气候条件的探究，其与社区营造、城市微更新、高密度城市空间利用、存量规划及旧空间改造等紧密联系。究其根源，是其小尺度的规模优势、灵活布局、使用便捷、可达性和服务圈舒适性，对使用者的自身感知影响更为细微。现有学者的研究虽已涉及小尺度、微尺度的"小"和"微"的规模特征，但并未将此作为讨论重点，因此存在概念冲突和矛盾。

2. 两本围绕小城市空间的经典著作

将视野从"微"扩展到"小"，从城市公共空间扩展到城市空间后，有两本关于小城市空间（小型城市空间）的重要著作对后世研究影响颇为深远，即1969年由惠特尼·诺斯·西摩（Whitney North Seymour, Jr）编写的《小型城市空间——小型公园和其他小型城市开放空间的哲学、设计、社会学和政治学》与1980年由威廉·H.怀特所著的《小城市空间的社会生活》。

前者从书名即可读出作者认为小城市空间包括了小型公园和其他小型开放空间，该书分别就"城市开放空间""公园为人打造""小型公园概念"和"社区行动"四个专题展开，邀请了芒福德、雅各布斯、罗伯特·L.泽恩（Robert L. Zion）、朱利安·R.彼得森（Julian R. Peterson）等来自学术界、设计界、媒体和社会学领域的先锋人士围绕分项专题撰文。撰稿人多元的教育和实践背景，使得著作呈现的小城市空间解读颇具多视角和全面性，有的提供了大量的设计改造案例，有的强调对小城市空间的维护和监管是保证其成功及长久性的重中之重，决定了一处小城市空间是成为社区的宝贵财富，还是沦为居民生活的负担和危险之处。面对19世纪70年代美国规划界普遍存在的对小城市空间的质疑和抵制，该书致力于推动政府部门转变对它的态度，分析了它的积极意义以及对社区更新的推动价值。

后者开创了城市小尺度空间研究的先河，运用延时拍摄和实地走访调研探究城市小型空间生活图景，通过研究人的行为方式提出空间应具有良好的步行可达条件以及适当的环境设施以满足人停留的需求，书中指出在上班途中对一处小公园的轻轻一瞥都会对人们的情绪产生积极影响。由怀特当年的合作助手弗雷德·肯特（Fred Kent）创办的"公共空间项目"（project for public spaces，PPS）机构至今仍延续和推广公共空间的各项实践。图1-2为PPS公共空间研究分析图，如2010年的"更轻微·更快捷·更低价"项目（LQC），通过一种易操作的、微介入的设计策略实现既有街区环境更新，并积极鼓励自下而上的行为导向模式，促进市民参与到社区空间营造活动中，激发日常生活并引发新的空间行为[1]。

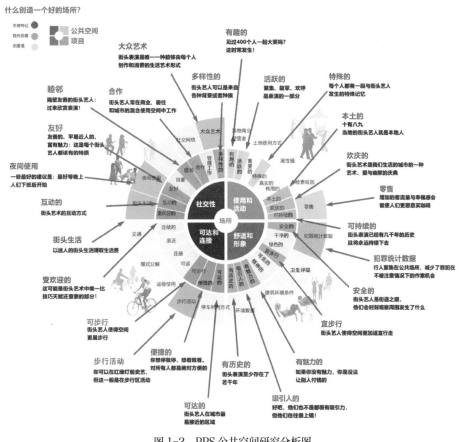

图1-2 PPS公共空间研究分析图

（资料来源：PPS官网背景介绍页）

---

[1] LQC（more ligher, more quicker, more cheaper）项目主页 [EB/OL]. Project for Public Spaces （PPS），2020-01-31[2022-07-22]. https://www.pps.org/sear ch?query=LQC.

1.2.3 公共空间适老化研究动态

在城市生活中，与其他社会成员进行日常交往和开展公共生活使用的是公共空间，小尺度公共空间对于老年人具有重要意义。国外对小尺度公共空间的适老化探索，侧重小尺度公共空间对于老年人而言的社交属性、老年人参与空间设计的过程以及小城市空间中的日常社会生活。

Tanja Schmidt 等认为社区开放空间对老年人特别重要，因为他们的活动空间和社交网络通常比其他年龄段的人更少。作者使用访谈、社区与公园调查工具、观察社区玩耍和娱乐系统收集了 353 名老年人（59~90 岁）的定量和定性数据，通过路径中的环境和遮阴情况、座位和景观来预测步行行为。研究表明，社交互动和步行呈负相关，这表明老年人在从事社交活动时倾向于坐着。Natalia Fumagalli（2020）在《可持续老年人参与性设计：意大利米兰的一座公共恢复花园》（Sustainable Co-design with Older People: The Case of a Public Restorative Garden in Milan）一文中为意大利米兰设计了一处小型可持续恢复性绿地，探索老年人参与的小尺度公共空间协同设计过程。研究将设计标准与协同设计相结合，致力于设计一座可持续的恢复性花园。研究开展了小组讨论，并为讨论组设计了一个材料工具箱。该工具箱包括：将研究区域中心拍摄的四张背景照片打印成 A0 尺寸放置在参与者坐的桌子周围，以唤起讨论者关注该项目所处的视觉环境，并提供适当的刺激；符合设计标准的唤起回忆的图像"明信片"，如舒适的走道、各种类型的座位和老年人的活动（其中包括老年人和孩子在草地上玩耍，老年人在长凳上阅读或者闻花香等）。通过这一过程，使得作为空间目标使用者的老年人真正参与到空间的设计当中，并将他们的讨论和建议作为重要参考，探索一种以老年人为核心的适老化设计方法。

周燕珉教授及其研究团队在空间适老化研究领域进行了长期深入的研究。研究内容涉及老年人居住建筑、空间环境、养老设施等多个方面。其中，《营造良好社交氛围的老年友好型社区室外环境设计研究——以北京某社区的持续跟踪调研为例》指出，现有社区的室外环境往往更多地考虑无障碍设计，适老化设计相对不受重视，易流于形式和概念，没有深入挖掘老年人的真正需求，如日常活动、情感需求等，更谈不上促进老年人社会交往。在这项研究中，学者在分析现有社区室外环境中适老化设计问题的基础上，结合国内外老年人社交情感的相关理论与实验研究，归纳了老年人在社区中的情感与精神需求。在教学和研究过程中，周燕珉教授带领团队在北京某社区中进行长期跟踪考察，通过亲身体验、观察、客观记录，对社区室外环境中老年人之间、老幼之间的社交关系进行全面调研，深入发掘老年人的行为特点，总结社区室外环境若干年来的变迁，并归纳原因。通过跟踪法、结构性观察法等方法，从场地规划、设施装置两方面探讨营造良好社交氛围的空间环境设计思路，为老年友好社区环境的改造与设计提供启示与借鉴。

天津大学无障碍通用设计研究中心在公共空间适老化研究领域也进行了前瞻性探索。学者曲翠萃等在《基于行为需求的天津适老性社区室外环境设计策略》中以适老性社区的室外空间环境为研究内容，采取发放问卷和访谈的方式调查了天津市代表性社区中老年人户外活动行为特点及空间使用情况，总结了老年人在室外环境中的行为需求，并分析了目前社区环境中影响室外空间使用的地方，在空间营造、舒适提升、安全设计三方面对营建适老性社区室外环境提出设计策略。研究将老年人的行为需求归纳为交往需求、健身需求、舒适需求和安全需求。

小微尺度公共空间对于城市中的老年人，尤其是旧城区中老年人的日常生活非常重要。国内学者已开始关注和研究，司海涛等在《旧城区社区微公共空间适老性更新策略研究——以铁岭旧城区为例》中对铁岭老年人空间活动行为特征和需求进行了分析，从社区层面对铁岭旧城区社区微公共空间进行了绩效评价，从空间结构、形态、功能和设施方面提出紧凑性、宜居性、多样性和经济性的社区微公共空间更新策略。

1.3　小微公共空间的基本概念

1.3.1　城市小微公共空间的尺度与概念界定

1. 以人为基本尺度进行的空间规模讨论

"人是所有事物的基本尺度，是所有符合这个尺度的事物存在的理由，亦是所有不符合这个尺度的事物不存在的理由。"普罗泰格拉（Protagoras）这个古老的论断将人体置于思想观念与世界观的中心。个人空间（kinesphere，也称为"body zones"）概念认为身体是三维空间的结构，有着长度、宽度和深度——长度轴、宽度轴和深度轴。把身体的长度延伸到最长，身体的宽度和深度都在垂直位置，这样就在身体周围创造出一个三维空间。我们把身体周遭的空间称为个人空间。运动理论家拉班（Laban，1966）将其定义为个体站立时可以轻松到达的身体周围的隐形球体，并且随着人在空间中的轨迹运动（图 1-3），这种包裹个体身体并彼此分离的无形边界的感觉会由于对边界的侵犯引起个体焦虑。个人空间是小微公共空间内部更贴近人尺度的个人范围场，小微公共空间囊括有限个数的不同范围大小的个体空间。基于人类进化和生存需求留存下来的基因记忆，也佐证了人们在公共空间中青睐能够提供保护的接近人尺度的边界空间的现象。所以从感官尺度入手对小微公共空间范围进行划定是准确和可行的。

汉斯·布鲁梅菲尔德（H. Blumenfeld）在《城市设计中的尺度》（Scale in Civic Design）一文中讨论了从亚里士多德（Aristotle）到梅尔滕斯（Mertens）以视觉为

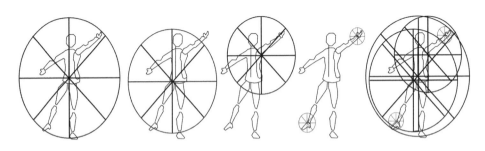

图 1-3　个人空间移动带来空间变化

（资料来源：http://www.laban-analyses.org/laban_analysis_reviews/laban_analysis_notation/space_harmony_choreutics/kinesphere_scaffolding/center_of_kinesphere.htm 图片基础上重绘）

核心的尺度发展和对城市建设的影响历程，得出尺度是外部环境设计的根本要素，是人对建成环境感受的基点。空间与身体互为"夹具"，相互印证、相互制约。最初丈量空间的基本单位都与身体相关："布手知尺，布指知寸"是我国传统的寸与尺的度量方式（胡滨，2019），西方对英寸、英尺和英里度量确定标准同样依托人身体各局部尺寸。尺度是人根据视觉、听觉、触觉、嗅觉等生理感知，对空间实体尺寸形成的一种概况衡量。它表征出一种人与物、物与物、物与空间、空间与空间对象元素的相对量关系。此外，人的感知不仅包括空间尺寸的实际大小，也暗含人与空间的比例关系，以及身体与空间的相对尺度。

2. 基于行业标准和案例分析

本书的研究对象是我国城市空间，所以只针对我国的行业标准进行筛选。本书依据的是《城市用地分类与规划建设用地标准》《城市居住区规划设计规范》[1]《城市绿地分类标准》《公园设计规范》（表 1-1）。尽管我国行业标准对各类小尺度空间的分类标准不尽统一，概念上也存在差异，但其功能内容及形式规范具有一定相似性。

---

[1]2018 年 11 月 30 日，住房和城乡建设部关于发布国家标准《城市居住区规划设计标准》的公告内容：现批准《城市居住区规划设计标准》为国家标准，编号为 GB 50180—2018，自 2018 年 12 月 1 日起实施。其中，第 3.0.2、4.0.2、4.0.3、4.0.4、4.0.7、4.0.9 条为强制性条文，必须严格执行。原国家标准《城市居住区规划设计规范》GB 50180—93 同时废止。此处只为统计用。

表 1-1　我国行业标准中对各类绿地的分类和规模界定

行业标准 / 编号	类型	面积	绿化面积	设置内容
城市用地分类与规划建设用地标准（GB 50137—2011）	绿地与广场 / 公园绿地	—	—	规划人均绿地与广场用地面积不应小于 10.0 m²/ 人，其中人均公园绿地面积不应小于 8.0 m²/ 人
城市居住区规划设计规范（GB 50180—93）	居住区公园	最小规模 1.0 hm²（10 000 m²）	不宜小于70%	园内布局应有明确的功能划分
	小游园	最小规模 0.4 hm²（4000 m²）	不宜小于70%	花木草坪、花坛水景、雕塑、儿童设施和铺装地面
	组团绿地	最小规模 0.04 hm²（400 m²）	不宜小于70%	花木草坪、桌椅、简易儿童设施等
	块状带状公共绿地	宽度不小于 8 m，面积不小于 400 m²	—	—
城市绿地分类标准（CJJ/T 85—2017）	小区游园	—	—	—
	街旁绿地	—	不小于65%	—
公园设计规范（GB 51192—2016）	居住区公园和游园	大于 0.5 hm²（5000 m²）	—	—
	街旁游园	—	—	以配置精美的园林植物为主，讲究街景的艺术效果并提供短暂休憩的设施

资料来源：笔者整理相关标准后绘制。

　　除规划条文控制外，国外学者关于微型公共空间、小型公共空间、微型公园、小型广场、袖珍公园、口袋公园等的学术文献中也有提及空间尺度的具体数据（表1-2）。国内学者对小尺度空间的尺寸划定大多依据规划和标准来进行，呈现的数据值比较单一。个别研究者选择了传统四合院作为特殊对象或是对景观设计师手册相关内容进行了创新解读（表 1-3）。

表 1-2　国外学者对小尺度空间规模范围界定的信息汇总

作者姓名	年份	尺度研究
阿尔伯蒂 （Albert）	1485	广场四周柱廊的高度和广场尺度应有一个合适比例值，理想的屋顶高度应介于广场宽度的 2/7 至 1/3 之间较为合适[1] 广场在文艺复兴时期得到很大的发展。按形式分为长方形广场、圆形或椭圆形广场，以及不规则形广场、复合式广场等
卡米诺·西特 （Camillo Sitte）	1889	广场宽度最基本的要求是应等于广场主要建筑的高度，最大不得超过主要建筑高度的 2 倍[2]
施普赖雷根 （Spreiregen）	1965	宽度约等于 80 英尺（约 24 m）能够引起亲密感觉；长度最大可达 450 英尺（约 137 m）；24 m×137 m=3288 m²[3]
希格弗莱德·吉迪恩（Sigfried Giedion）	1966	欧洲广场的理想尺寸为 139 m×58 m，面积为 8062 m²[4]
拉德维尔 （Radbill）	1968	长宽任何方向上采用 80~100 英尺（24~30 m），因此得出面积为 576~900 m²[5]
西摩（Seymour）	1969	主要来自案例分析：面积为 405~2023 m²[6]
怀特（Whyte）	1980	规模范围为 400~800 m²[7]
柯里（Currie）	2011	面积大约为 12 140 m²[8]

资料来源：笔者根据文献整理自绘。

[1] 阿尔伯蒂.建筑论——阿尔伯蒂建筑十书 [M].王贵祥，译.北京：中国建筑工业出版社，2010.

[2] 西特.城市建设艺术：根据艺术原则进行城市建设 [M].仲德崑，译.南京：江苏凤凰科学技术出版社，2017.

[3] SPREIREGEN P D. Urban design: the architecture of towns and cities. [M]. New York：McGraw-Hill Inc, 1965.

[4] 吉迪恩.空间·时间·建筑：一个新传统的成长 [M].王锦堂，孙全文，译.武汉：华中科技大学出版社，2014.

[5] RADBILL M N. Measuring the quality of the urban landscape in the Tucson, Arizona central business district[D]. Arizona：The University of Arizona，1968.

[6] SEYMOUR W N, Jr. Small urban spaces – the philosophy, design, sociology and politics of vest-pocket parks and other small urban open spaces[M]. New York: New York University Press，1969.

[7] WHYTE W H. The social life of small urban spaces [M]. 8th ed. New York：Project for Public Spaces Inc, 2001.

[8] CURRIE M A. Uncovering foundational elements of the design of small urban spaces – landscape architecture/small urban spaces[C]. The City：2nd International Conference, 2011.

表 1-3　我国学者对小尺度空间规模范围界定的信息汇总

作者姓名	年份	尺度研究
董贺轩等	2018	微型公共空间面积为 300 m² 至 5000 m² （2016 年首次提到微型公共空间概念，但没有对尺寸进行明确）
常娜	2017	微绿地面积＜ 10 000 m²
池溪	2017	微型公共空间面积为 300 m² 至 5000 m²（总结了空间特征）
陈绍鹏	2017	微型公共空间面积为 300 m² 至 5000 m²
杨贵庆等	2017	单边长度＜ 30 m、面积＜ 2000 m²；也可以很袖珍， 面积在 50 m² 至 100 m²
侯晓蕾等	2016	提出微空间概念，并分为三种类型： 大型微空间（＞ 100 m²）； 中型微空间（10 m² 至 100 m²）； 小型微空间（＜ 10 m²）
徐忆晴等	2016	S（袖珍型场地，100 m² 至 1000 m²） M（微型场地，1000 m² 至 2000 m²） L（小型场地，2000 m² 至 4000 m²）
柯鑫	2011	1200 m² 至 12 000 m²
陈科育	2010	一进四合院面积为 24 m×32 m=768 m²，佩雷公园面积为 12 m×32.5 m=390 m²，两者尺度存在相关性，故作者认为在旧城居 住区中可以利用一进四合院面积进行嵌入式袖珍公园设计
王进	2009	口袋公园面积＜ 8000 m²
彭玥	2009	口袋公园面积在 300 m² 至 1000 m² 范围内最为适宜 （根据景观设计师手册、国内外宅基地面积等综合得出）
李永生	2006	小型广场面积在 2500 m² 以内，提出亚空间概念和单向平行视域及叠 加平行视域概念
袁野	2006	袖珍公园面积为 400 m² 至 10 000 m²

资料来源：笔者根据文献整理自绘。

　　凯文·林奇认为受视觉感知影响，广场最大尺度不宜超过 135 m，并建议可根据 12 m 产生亲切感、24 m 产生宜人感的标准设计广场及其包含的元素。格尔（Geer）则认为这个尺度不应超过 100 m。克莱尔·库珀·马库斯和卡罗琳·弗朗西斯在《人性场所：城市开放空间设计导则》一书中提及口袋公园大小最好占据 1 至 4 个宅基地（一个宅基地的面积约为 400 m²）。芦原义信在其经典著作《外部空间设计》一书中根据日本传统的"四张半席"亲密空间总结出基本模数单元，推广到城市空间尺度提出"十分之一"理论，在布置外部空间时采用内部空间尺寸的 8 至 10 倍，即每边 2.7×（8~10）m，21.6~27 m 的模数，继而进行长宽相乘计算从而得出规模范围为 467~729 m²。

根据艾瑞克·J.詹金斯（Eric J. Jenkins）的《广场尺度：100个城市广场》（*To Scale: One Hundred Urban Plans*）和蔡永洁的《城市广场：历史脉络·发展动力·空间品质》两本著作列举的城市广场面积数据和对照现状广场所作的地图测量，筛选出空间边界较为清晰的 64 个广场案例（图 1-4）。其中分布在 4000 m² 以下尺度范围内的广场约占三分之一，可见尽管存在区域街区尺度差异，4000 m² 及 10% 浮动上下依旧可以作为划定小尺度范围的标尺。图中最上面一行显示的是旧金山车位微公园标准单元面积 18.95 m²。

1.3.2　小微公共空间的概念界定

1.广义和狭义角度的综合释义

综合尺度界定研究所述及的小微公共空间的多元特性和研究内容可知，小微公共空间最大极值选取 4000 m² 而非 10 000 m² 的原因在于，前者在数量上更占优势，且在我国行业规范标准中占比较高。最小极值选取 20 m² 的原因在于，车位微公园作为一种已成功实践的小尺度公共空间得到了国际认可和推广，且车位面积数据固定可控。中间两个细分值分别取为 400 m² 和 1200 m²，实现从微尺度到小尺度的过渡。

面向我国城市空间尺度，笔者提出小微公共空间（small-micro public space，简称 SMPS）概念，从广义角度理解，这是一类产生并依存于建筑、街道等城市空间的基于人本尺度和日常生活视角对城市公共空间进行最小尺度范围筛选的空间类别，是城市公共空间的有机组成部分。其自身兼具城市、社会和建筑学意义。

狭义角度的小微公共空间可以理解为：具有抵达便捷、方便公众体验和积极价值特性的规模区间（特指基面尺寸）面积在 20 m² 至 4000 m² 的城市公共空间。其又可细分为三个等级：20 m² 至 400 m²（S 级别）、400 m² 至 1200 m²（M 级别）、1200 m² 至 4000 m²（L 级别）。各级别允许有 ±10% 的上下浮动。

2.研究对象的具体范围指向

小微公共空间一般主要指城市内部由道路、建筑、公共绿地或自然河道等要素边界所围合的、无限制性围墙并具有开放公共使用性质的场地，不包括林地、湿地等大型自然开放空间，以及大型商业综合体、博物馆及美术馆等室内小尺度公共空间。其包含尺度范围在上述划定区间内的以袖珍公园和小型广场为代表的公共场所，

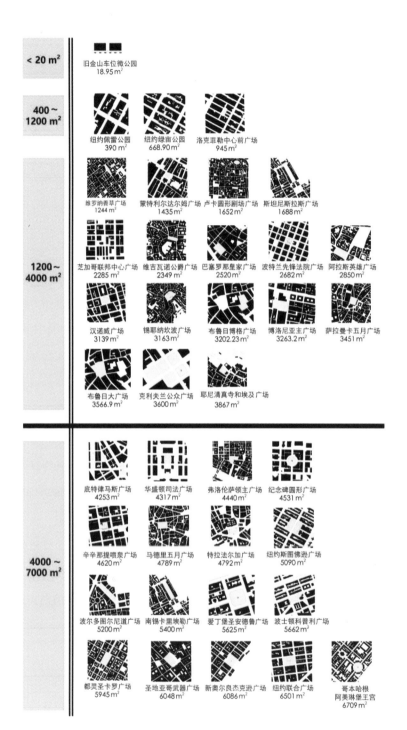

图1-4 有关著作中提及的广场、公园规模列表整理

（资料来源：第一排的图笔者自绘，其余图片根据规模区间范围将《广场尺度：100个城市广场》扫描图片截图进行重新排序绘制）

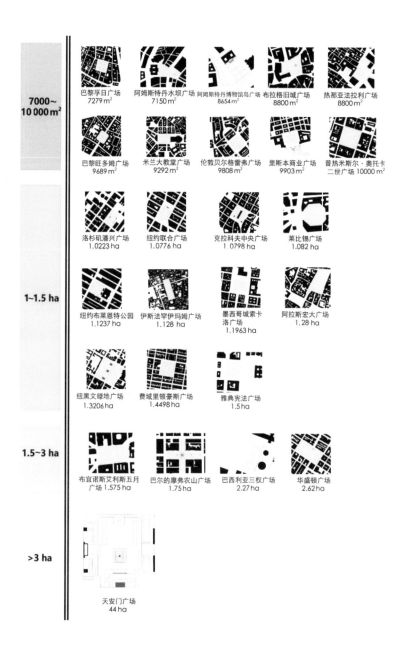

图 1-4（续）

也囊括非正式开发背景下的自发营建场所，同样涉及散落于存量空间中经改造提升的闲置空间。小微公共空间引发了对城市环境和人群关系的重新思考，实现了人与社会的沟通对话。

3. 依托城市空间的主体附属性

从公共空间系统性层次考虑，小微公共空间属于微观层面与人互动最为直接和最为频繁的一种类型，涉及尺度、形状、材料、质感等具体要素。同时，小微公共空间是城市印象感知的前沿阵地。一个负责任和积极的环境，应当满足人们赏心悦目的感官体验要求，支持长期的行为模式。良好的小微公共空间将提供安全感和归属感，保证环境的舒适、便利，给人带来感官愉悦，并为社会交往和互动提供机会。"微"具有明显的双重性质：一是与物理空间尺寸相关的内容，具有客观性和可度量性；二是与尺度相关的人的行为、心理效应内容，具有主观性和难度量性。

对小微公共空间的讨论不能脱离其所在城市空间背景独立展开，因为小微公共空间的产生、存在、发展和演化变迁与其周围的实体建筑背景、街道空间氛围、街区生活基础，甚至是更大范围的城区建设肌理、公共交通网络、城市整体风貌息息相关。小微公共空间与城市各组分关系简图如图1-5所示。小微公共空间的形态要素构建与建筑设计之间存在天然的有机联系，建筑的主动参与是保证小微公共空间建设的必要条件。小微公共空间的位置、形态、尺度主要取决于周边建筑的界面特性，小微公共空间自身的功能品质同样受其影响。

小微公共空间无法如孤岛般存在于一处空白环境场所中。环境构成中的场地竖向要素包括界面建筑风格、D/H比例、自然绿化环境等，甚至建筑立面元素本身就是生成小微公共空间边界的限定成分。小微公共空间与大中型公共空间的区别在于，大中型公共空间动辄可以跨越几个街区或者自身独立成为一处吸引使用人群的区域，也能够形成自身完备的活动体系，而小微公共空间的小尺度和微尺度特性决定了其无法承担超过自身空间范围和能力的活动类型。

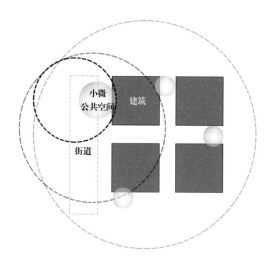

图 1-5　小微公共空间与城市各组分关系简图
（资料来源：笔者自绘）

1.4　小微公共空间的内涵解析

小微公共空间兼具社会学和建筑学属性，以建筑学、城市学层面的设计操作和城市价值内涵为基础联动触发其社会层面贡献。对小微公共空间的内涵讨论无法脱离其所在城市的背景独立展开，城市构成了内涵讨论的物理背景，其中建筑和城市的空间尺度是内涵讨论的核心和基础。

同空间使用和尺度衡量密切相关的"人"的要素则构成了小微公共空间内涵讨论的另一个心理行为维度。内涵讨论维度基础如图 1-6 所示。

小微公共空间包括小尺度、微设计、日常性、系统性、适老化这五个维度。按人的需要可大致分为物质性、人际性和精神性三个层面，物质性对应具体的空间形态，人际性涉及城市体验和人与人的活动接触，而精神性则偏重社会层面的心理构建。

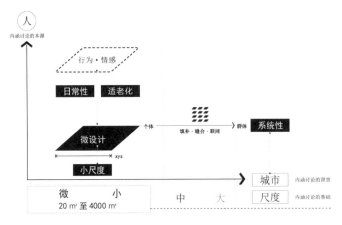

图 1-6　内涵讨论维度基础

（资料来源：笔者自绘）

1.4.1　小尺度——内在属性特质

前文曾提及小微公共空间的狭义定义为一类具有抵达便捷且方便公众体验和积极价值特性的规模区间在 20 ㎡ 至 4000 ㎡ 的小尺度和微尺度级别的公共空间类别。尺度小、规模小和面积小的特性是小微公共空间的根本属性和基本存在条件，也是对小微公共空间范围和类型筛选的重要参数和衡量标尺。

此外，小尺度有内、外两层对话维度存在。

向内而言，体验者在场所中不再无足轻重，而是能充分参与空间探索。人在身处小尺度空间场所时对体验五感的激活和调动更加细微。人们可观察到远近区域的生活流动，捕捉嘈杂的声音，感受来自自然与市井的生活气息，更容易感受时光流转。巴塞罗那 Marquesa 公园如图 1-7 所示。

对外而言，小尺度公共空间能够见缝插针和精准地填补现有城市肌理，以较强的适应性和可塑性应对使用行为的多样和丰富。尤其在开放空间资源异常紧张和匮乏的高密度城市中心区，小微公共空间更能发挥自身的小尺度优势，在优化空间结构、缝合与粘连空间方面展现积极效用。柏林 Axel Springer 高层建筑旁的小微公共空间如图 1-8 所示。

图 1-7 巴塞罗那 Marquesa 公园　　　　图 1-8　柏林 Axel Springer 高层建筑旁的
（资料来源：笔者自摄）　　　　　　　　　　　　小微公共空间

（资料来源：笔者自摄）

1.4.2　系统性——空间网络完善

基于小尺度的内在本质属性和小微公共空间类型的可变性、适应性及主体依附性，拓展到城市背景的系统性主要由以下方面展现。

小微公共空间能够很好地渗透进城市街区、街巷内部，承载某一两处点状、面状大型公共空间峰值使用压力，有效弥补大型公共空间在可达性、交通组织、维护成本、安全性等方面存在的缺陷和弊端。

将小微公共空间看作等同于水、电、燃气等城市基础设施系统的具有社会属性的空间系统，通过小微公共空间的铺展和渗透，使其交织于大型点状公共空间旁侧、分支或末端。其概念指向一个统筹串联整体公共空间网络系统的独特属性。其功能网络，可同文化、经济和环境交叉互补，相互促进，还可与恢复环境相关，互相协同。小微公共空间承担散步、心理复愈、绿化等空间职能。

依托城市交通网络、功能区块分布形成密集的毛细小微公共空间系统，以点串线，以线编网，形成各层级和不同规模的小微公共空间，完善生产融合、文化构建、空间正义等社会属性。小微公共空间让空间正面效应以微小的毛细形式渗透到生活层，逐渐改变了先前机械地追求空间覆盖率的规划思路。

网络布局中不同的小微公共空间场所点还可以承担差异化职能，再以街区为单位形成自己独特的使用功能标签，共同组成一个片区的活动集群。

1.4.3 微设计——空间操作态度

"微设计"是小微公共空间衔接理论研究与具体实践的桥梁。

《礼记·中庸》有云"致广大而尽精微"，与"微"形成强烈对比的是其背后的"大"思考。"微"除了形容词层面上"更小的，微型的"的解读，还隐含副词"轻微地"含义，采用"轻设计"和"轻表达"的态度，以谦逊的姿态融入现有环境中，体现在三个方面：实践投入微，成本投入少使得实践本身具备更低的准入门槛，能够实现多样合作形式，但并不意味着廉价；切入导向微，从问题出发，解决微小需求，实现功能完善，小中见大的特点也反映了人类的精简思维；设计要素微，小微公共空间"虽小但五脏俱全"，需要根据功能需求单项或组合布置公共设施、街道家具等，对座椅、长凳、灯具、绿植、指示牌、置物平台等要素进行分布规划，同时强调空间的复合利用和高效使用。

小尺度的小微公共空间可被比作有能力容纳并产生日常活动实践的物件，是一种具有重要社会功能的"城市设计产品"。以符合人因工程学和体感舒适的亲和姿态贴近日常生活，做到小而美，小而精，如 RSAA 上海新天地"坛城"项目（图 1-9）。每处小微公共空间的具体使用方式可针对性地回应其所服务的群体和社区环境，将其与周围融为一个整体，如巴塞罗那 Carrer de Leiva 社区小微公共空间（图 1-10）。清晰简约而非繁复堆砌的空间形态设计呈现更能直击心灵，准确地契合人的情感诉求。

1.4.4 日常性——贴近生活使用

从日本犬吠工作室的"微空间实践"到华南理工大学副教授何志森的自发日常生活行为研究与落地社区的"跟踪"调查，从同济大学刘悦来教授的社区园艺到"草图营造"的校园、社区微空间改造，小微公共空间以多种形态类型、空间模式和物质承载形式展现出贴近日常生活的特质。与正式专业设计相比，简易的、散发生活气息的自发式社区营造广受喜爱，展现着最质朴的生活场景和日常记忆。

公共空间的日常性和体系性看似矛盾，实则是两个维度问题。正是每处独立的

图 1-9　RSAA 上海新天地"坛城"项目
（资料来源：https://www.gooood.cn）

图 1-10　巴塞罗那 Carrer de Leiva
社区小微公共空间
（资料来源：笔者自摄）

小微公共空间个体承担了日常生活职能，才使得小微公共空间之于城市公共空间系统整体的建构更加扎实和稳固。小微公共空间不只单纯停留在物质的、平面化和数据层面的完善，而是深入触发城市内部生活。

同时日常性的深入讨论也展现出空间的正义和公平，各种资源能够保证个体受益均衡并按照"最小受惠者的最大利益"原则进行分配，包括对空间资源和空间产品的生产、占有、利用、交换和消费的均衡，也包括地域上满足合理的社交需求，满足良好的环境和公共空间准入权等需求。

1.4.5 适老化——全龄友好通用

老年人对城市中的小微公共空间有着天然的"日常依赖"感，这种依赖感在旧城区中尤为明显。相对于城市新建区，旧城区存在人口密度大、老龄化程度高、用地紧张和公共空间不足的问题。而小微公共空间作为公共空间系统的最小单元，所具备的小面积和分散分布的特征使其能够充分利用旧城区现有的存量土地，见缝插针，深入旧城区的各个角落，成为这里的老年人日常最易接触和使用的城市公共空间（图 1-11 和图 1-12）。

由于身体机能的限制，老年人日常步行活动范围普遍比较小，活动时间比较短，需要活动的空间也比较小，小微公共空间契合了老年人日常户外活动的特征，成为老年人较为理想的活动场所。尤其对于北方地区，冬季昼短夜长，早晚气温很低，白天户外活动适宜时间较短，但若老年人长期居家不仅会对身体产生负面影响，而且因居家时间过长产生的低落抑郁和孤独感等亦会影响老年人的心理健康。基于此，"触手可及"的户外小微公共生活空间对于旧城区中生活的老年人来说是不可或缺的，全龄优化更新设计亦是旧城区小微公共空间需要重点关注和解决的问题之一。

图 1-11 老年人活动场景 1
（资料来源：笔者自摄）

图 1-12 老年人活动场景 2
（资料来源：笔者自摄）

上 篇

城市小微公共空间情感化设计研究

2

小微公共空间案例解析

本章首先采用类型学方法和建筑构成学思想，基于空间界面和行为使用视角，综合模式语言部分研究成果，按照贴附主体（建筑和街道）以及其他围合限定方式，将繁杂丰富的小微公共空间分为五大基本类型（建筑贴附型、街道衍生型、"L"围合型、"U"围合型、"口"围合型），并依据道路开口方向、形式以及边界限定方式等在五大基本类型基础上推衍、整理和归纳子类型。

随后基于理论分析和明确的概念，深入走访采集小微公共空间优秀设计案例，反推佐证类型划分的合理性和全面性，并就案例集中展现的共性空间要素进行统计、记录、整理和对比。从这些经典案例中挖掘小微公共空间的五点设计启示和普遍规律，实现对小微公共空间从理论到实践的立体认知。

2.1 类型划分

小微公共空间类型问题之所以重要，是因为它不仅解决了类型描述方法问题，实现了对研究范围的识别，还易于形成特定空间情感与形态的对应。在设计导则中可被系统识别的空间类型将会影响小微公共空间的设计与建造，而且公共空间的复杂性导致其形成和类型无法通过单一的标准和准则进行划分，而是应当多角度深入剖析。

2.1.1 小微公共空间的空间形态类型

小微公共空间类型的提出基于建筑构成学的类型划分方式、大量案例收集以及城市肌理特征的分析。尽管实际上因为建筑在城市空间中的布局以及建筑和场地图底关系的丰富性，小微公共空间的类型繁多，但依旧可从广泛的建成案例中总结出普遍共性规律。

结合笔者对国内外小微公共空间优秀建成案例的总结，综合考虑小微公共空间和交通系统、自然河道、公共绿地、城市街道的关系，根据建筑等要素的依附、隶属与围合限定关系，将小微公共空间划分为建筑贴附型、街道衍生型、"L"围合型、"U"围合型、"口"围合型五大基本类型，再展开讨论每种基本类型下具体的子类型。图2-1

为小微公共空间的空间形态类型。同建筑群、街道组织和空间出入口的多种互动形式是拓展子类型的方向，"贴附""衍生""围合"也突显小微公共空间无法独立存在，而必须依靠成熟的既有环境完成自身的产生、发展和演变。

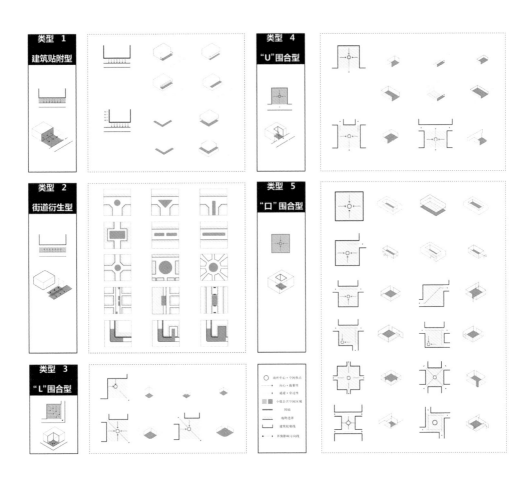

图 2-1　小微公共空间的空间形态类型

（资料来源：笔者自绘）

需要指出的是，本书归纳出的五种基本类型有的是小微公共空间特有的，如街道衍生型当中的"扦边""外溢"和"内渗"子类型，又如建筑贴附型中镶嵌在建筑底层、局部的小尺度灰空间部分。图中展示的建筑抽象体块是摒除了建筑单体自身的规模大小的，但在实际城市空间环境下，居住建筑或小型临街商铺限定的小微公共空间具有体量微小的天然属性。空间形态类型图图示中只有街道衍生型采用了平面图形式绘制，是为了展现小微公共空间同街道的形态、走向、出入口的关系，这也是我们常见的观察街道平面的方式。

2.1.2　小微公共空间的使用行为类型

情感化设计是从对行为举止的设计开始的，人们认为自己的行动是由某种感情造成的，但有时却相反，人会在行动中产生情感。[1]对小微公共空间类型的行为研究也体现出"见微知著"的一面，通过对空间行为的识别和整理，呈现行为背后广泛的情感基础和社会根基。

扬·盖尔提出经典的公共空间行为分类模式（必要性活动、自发性活动和社会性活动），并分析了不同行为与环境之间的密切关联和细节设计要求。本书将从行为发生的时间和对情感的影响因素考虑，将公共空间行为简化为两大类：驻留型行为和穿过型行为。

根据基本空间形态类型可知，某些小微公共空间的分布特征和与建筑的空间关系决定了其具有明显的穿过或通行属性，缺乏激发停留行为的要素。比如像街道衍生型的某些特殊子类型（口袋公园、车位微公园等）多承担临时性的室外就餐休闲职能，本身就不鼓励人群长时间停留，多数情况下空间只需要满足人们短时间内的停驻要求即可。

---

[1] 中村拓志. 恋爱中的建筑 [M]. 金海英，译. 桂林：广西师范大学出版社，2013.

1. 驻留型行为

小微公共空间驻留型行为以交谈、娱乐、戏水、饮食、遛狗、散步、售卖、街头表演等为主，基本涵盖了可能发生在公共空间中的典型行为，有的行为带有自发或非自发的商业性质，有的则与居民日常生活习惯有关，还有的需要借助自然环境要素才能成立。驻留型行为鼓励多人参与，以引发人与人的交流和信息碰撞，继而使人与空间的关系更紧密。

小微公共空间虽然不具备大尺度空间的广大绿化面积，失去一些诸如骑行、野餐、环线慢跑等对自然视野和场地要求较高的大规模空间行为，但紧邻生活居住圈的距离优势让它承担了更多社区公共场所职能。适当的商业行为也能更好地加深五感体验的层次，如增加良好气味和色彩活力。同时也要避免对周围环境造成干扰，影响小微公共空间内部行为实施，引发负面效果。

2. 穿过型行为

发生于小微公共空间边界处的停留可能性很小的等候行为，或小于十分钟的短暂驻留行为都可以归类为穿过型行为。等待交通灯、骑或步行等都是此类行为。穿过型行为可以发生在任何小微公共空间内部或边界处。

小微公共空间因为体量小和位置特殊，容易成为被忽略的区域，但如果设计得当或者将其安排在城市空间步行系统中的妥当位置就有将穿过型行为转变为驻留型行为的可能性。

穿过型行为和驻留型行为有相互转化的可能性，空间的视觉吸引会诱导穿过型行为转变为驻留型行为，空间中地形的起伏变化、视觉和身体姿态的异动也都会对空间的情感感知产生影响。穿过型行为和驻留型行为是在空间形态类型及其要素影响下的动态和静态呈现方式。

图 2-2 为穿过型和驻留型行为类型与小微公共空间基本空间形态的对应关系。图中尤其展示了两种不同类型街道（即生活型街道和交通型街道）小微公共空间行为倾向的可能。当然笔者承认这种对应方式会有多种可能，并不绝对，两种行为可以发生在任何一种空间中且比重有所改变。

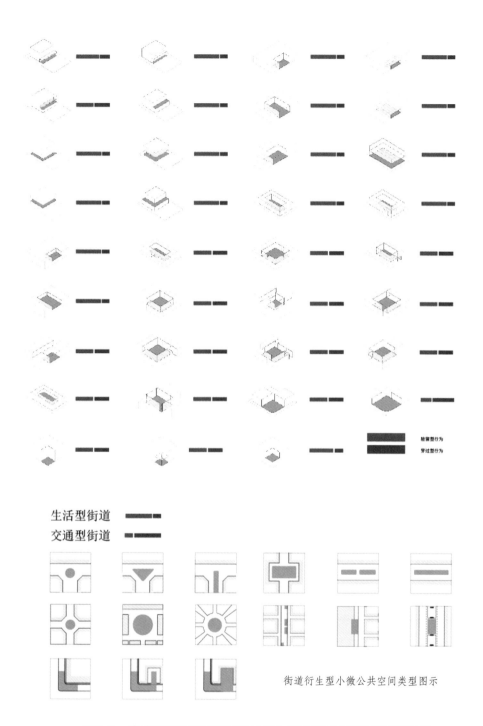

街道衍生型小微公共空间类型图示

图2-2　穿过型和驻留型行为类型与小微公共空间基本空间形态的对应关系
（资料来源：笔者自绘）

典型案例多选取在方案设计之初就以情感营造为主要核心目标的项目，也来自于笔者实地调研过程中发现的具有情感品质特征的小微公共空间。通过对 35 个项目中的 13 个代表性案例进行调研和资料收集，对空间的面积、绿地率、绿化覆盖率、环境色彩、水体、历史文化背景、座椅友好性设计、D/H、视角、周边建筑性质、围合建筑风格、界面高差、空间围合感、空间物质要素、调研时间段内活动人数和使用时间 16 项内容进行统计，展示对小微公共空间的认知和理解从两个维度推进。

基于上述案例分析，提炼出宏观的空间整合和城市系统化设计视角下的空间可达性、围合建筑界面营造的安全感、深入场所内部的视觉吸引、街道家具的近人尺度和普遍存在的自然亲和五点设计启示。

2.2 选取原则

根据梳理出的五大基本类型进行公共空间调研。其中不乏一些知名建筑师的经典空间设计作品，也有非知名的当地建筑师的新建建筑项目和街区设计项目。案例选取和类型提取其实是相辅相成、同步进行的，类型提取基于大量小微公共空间的资料搜集以及建筑构成学理论，后期的实际调研扩展和补充了类型并进行了细分，也剔除了原先拟订类型中不常见和比较特殊的个别案例。

在被调研的 35 个小微公共空间案例中，在空间规模、形态特征、小微公共空间所属基本类型及内部基本设施统计整理基础上，进行进一步筛选。尺度是重要的案例筛选标准，同时项目本身的设计特征、空间使用情况、历史发展脉络、经典与否也是要考虑的因素。

建筑贴附型的判断标准主要是小微公共空间的有效空间界面和建筑紧密贴合，中间不存在明确划分的人行步道，且小微公共空间的边界或与建筑边界重叠或包括在建筑边界轮廓内。街道衍生型要突出呈现公共空间与街道的密切关联。"L"围合型强调界定小微公共空间边界的建筑群呈现显著的"L"形。"U"围合型既可出现在独立的围合建筑单体内部也可出现在呈围合状态的建筑群中，有明显的三面围合效果。"口"围合型小微公共空间的子类型可能较多，其边界（可能是三处边界、四处边界或多处边界）均由建筑单体或者建筑群限定。

2.2.1 调研区域及概况

长期以来，欧洲城市公共空间在世界范围内得到高度认可，成为欧洲城市意象中不可或缺的部分，也有专门书籍对每年新建公共空间项目进行评选。选取德国、荷兰、西班牙和瑞士四个欧洲国家以及我国重要城市的小微公共空间作为研究案例的样本。个别项目涉及葡萄牙里斯本、韩国首尔及美国纽约等城市。

德国项目选取了柏林和慕尼黑两座城市的小公共空间。柏林是德国北部地区现代化都市类型的典型代表。柏林一直以来都备受国际建筑界青睐，一度是现代主义建筑大师的先锋实践场地。在复杂的政治、文化历史成因下形成的分布广泛的不同年代、风格的公共空间，非常具有代表性和典型性。慕尼黑是德国巴伐利亚州的首府，长久以来经济发展迅速。第二次世界大战后的城市重建保留了旧城传统街道网络，历经 20 世纪 50 年代和 70 年代两次对居住空间、开放公园空间等的调整，形成了如今的城市整体风貌。

荷兰项目选取了兰斯塔德地区两座主要城市（阿姆斯特丹和鹿特丹）的小公共空间。荷兰的典型特性是人口密度极高，土地资源稀少，境内大量的土地由大规模填海造田得来，因此荷兰城市对土地利用规划与效率有极其严格的规定。众多知名建筑学术团体在高度专业化的设计氛围中孕育出丰富多元的建筑实践与理论成果，塑造了荷兰的整体城市风貌和建筑形象。作为欧洲高密度国家，荷兰从不忽视对公共空间的建设和营造。阿姆斯特丹因其独特的城市水系、建筑风貌、城市肌理为小尺度公共空间营造提供了广阔的实验空间，也分布着众多优秀设计项目。

西班牙项目选取了巴塞罗那市和马德里两座城市的小公共空间。巴塞罗那是西班牙加泰罗尼亚自治区首府及巴塞罗那省省会，是西班牙第二大城市，也是西班牙最大的海港和文化古城。市民热爱户外运动，一直以来公共空间都被巴塞罗那的城市规划者和建设者视为城市空间的重要组成部分。

瑞士项目主要选取巴塞尔城市公共空间。巴塞尔为巴塞尔城市半州首府，位于瑞士的西北部，与法国和德国接壤，具有三国交界的特殊区位条件。作为一座典型的中世纪欧洲城市，老城的主体轮廓早在中世纪便已经形成。瑞士享誉世界的生活品质在很大程度上源于其具备优雅的公共空间系统。

本土优秀案例主要来自北京、深圳、成都和香港等地，它们的实践尤为活跃。北京以王府井街道口袋公园、凹陷花园为街道衍生型代表；深圳以蛇口区小区入口广场为"L"围合型典型案例；成都以远洋太古里商业区小微广场为"U"围合型经典案例，以西村大院社区内竹林小间为"口"围合型代表项目；香港百子里公园同样是"口"围合型小微公共空间案例。

2.2.2 调研内容及方法

从使用者角度进行观察，关注微观环境特征、空间环境用途、设施及人们对公园广场场地的使用情况。通过记录，试图发现在小微公共空间中能够使市民日常活动和社会交往更加舒适、有趣及富有价值的因素。

观察时间集中在 2017 年 6 月至 2018 年 11 月，在条件允许的情况下分别对每处公共空间观测 90 分钟。观察时间和时长要保证小微公共空间场地调研数据具有代表性、典型性和研究价值。

首先，90 分钟的调研时间均集中于一天的下午时段，经过前期预调研阶段的走访发现，绝大部分调研城市的公共活动人数达到峰值的时间集中在下午。以柏林为例，城市下午时段的环境温湿度、光线情况良好，且对该城的调研走访发生在自然环境条件良好的夏季，它本身就具备落日时间晚、持续时间长的优势。个别地域如西班牙等地每天的工作时间起点相较德国、荷兰等欧洲北部国家，整体延后两个小时。所以选取下午时段可以保证所有案例调研数据的均衡性，保证采集到的空间行为数据全面和统一，且相对于其他时段代表性更强。调研时长的确定也是在对柏林日常生活进行观察以及文献研究基础上确定的。

其次，观测选取在周末和工作日两种情况下进行，使得周末数据和工作日两类数据形成横向对比。调研案例中一半项目的调研是在周末或法定节假日进行的，一半项目的调研集中在工作日中的周二或周三时段进行。由于笔者 2017 年末至 2018 年末在柏林居住，该市的调研日期多集中安排在周末和节假日，个别项目安排在工作日；非柏林地区的考察项目调研主要安排在假期展开，具体考察时间的确定受天气、场地开放条件等影响，无法保证固定日期，但尽量参照柏林的时间选取原则，选取周末和周三。

在对小微公共空间进行较为全面的调查后，使用 PSPL 调研法记录人群活动的类型、持续时间、人数和活动分布地点。观测时在场地附近的最佳观察点观察记录，拍摄场地主要活动场景。每次进行场地观测前先确认完成场地功能、周围环境、记录表等的整理和准备工作，并辅以现场实景照片记录，最终整理小微公共空间中人群的活动行为模式。代表性案例项目的调研信息比对如图 2-3 所示。

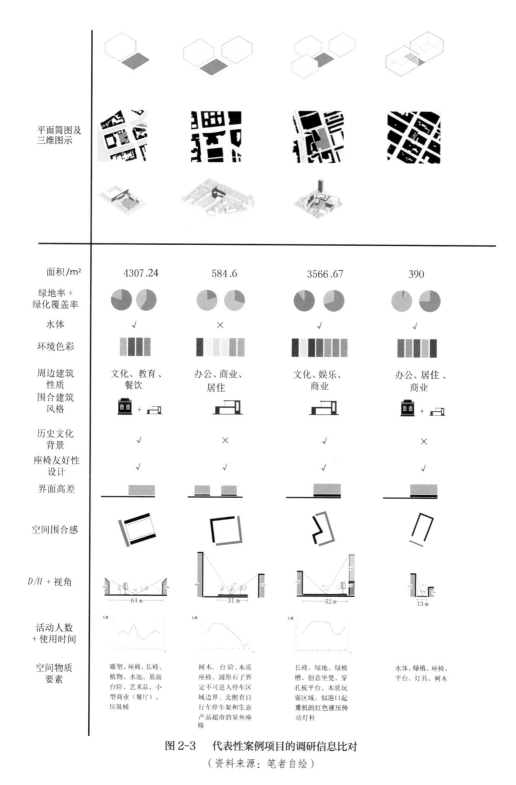

平面简图及三维图示				
面积/m²	4307.24	584.6	3566.67	390
绿地率 + 绿化覆盖率				
水体	√	×	√	√
环境色彩				
周边建筑性质	文化、教育、餐饮	办公、商业、居住	文化、娱乐、商业	办公、居住、商业
围合建筑风格				
历史文化背景	√	×	√	×
座椅友好性设计	√		√	
界面高差				
空间围合感				
D/H + 视角	64 m	31 m	52 m	13 m
活动人数 + 使用时间				
空间物质要素	雕塑、座椅、长椅、植物、水池、基面台阶、艺术品、小型商业（餐厅）、垃圾桶	树木、台阶、木质座椅、圆形石子界定不可进入停车区域边界、北侧有自行车停车架和生态产品超市的室外座椅	长椅、绿地、绿植槽、创意坐凳、穿孔板平台、木质玩耍区域、似港口起重机的红色液压传动灯杆	水体、绿植、座椅、平台、灯具、树木

图 2-3　代表性案例项目的调研信息比对

（资料来源：笔者自绘）

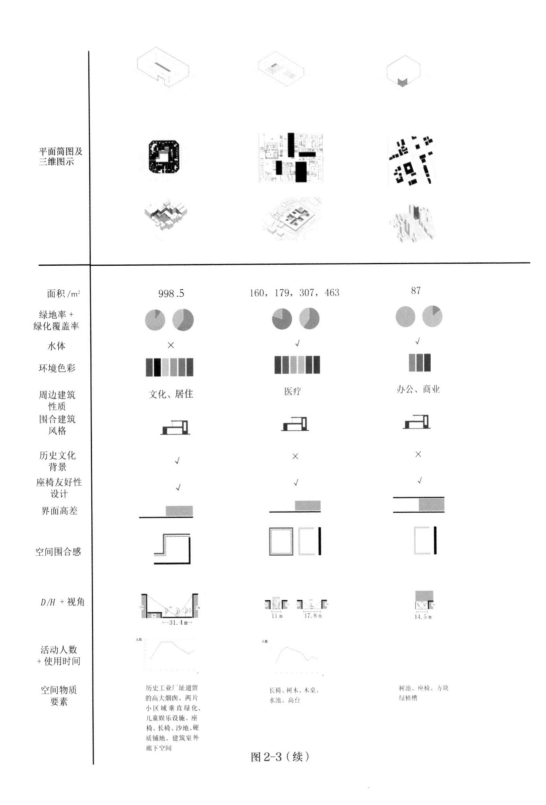

平面简图及三维图示			
面积/m²	998.5	160，179，307，463	87
绿地率 + 绿化覆盖率			
水体	×	√	√
环境色彩			
周边建筑性质	文化、居住	医疗	办公、商业
围合建筑风格			
历史文化背景	√	×	×
座椅友好性设计	√	√	√
界面高差			
空间围合感			
D/H + 视角	31.4 m	11 m 17.8 m	14.5 m
活动人数 + 使用时间			
空间物质要素	历史工业厂址遗留的高大烟囱、两片小区域垂直绿化、儿童娱乐设施、座椅、长椅、沙地、硬质铺地、建筑室外廊下空间	长椅、树木、木桌、水池、高台	树池、座椅、方块绿植槽

图 2-3（续）

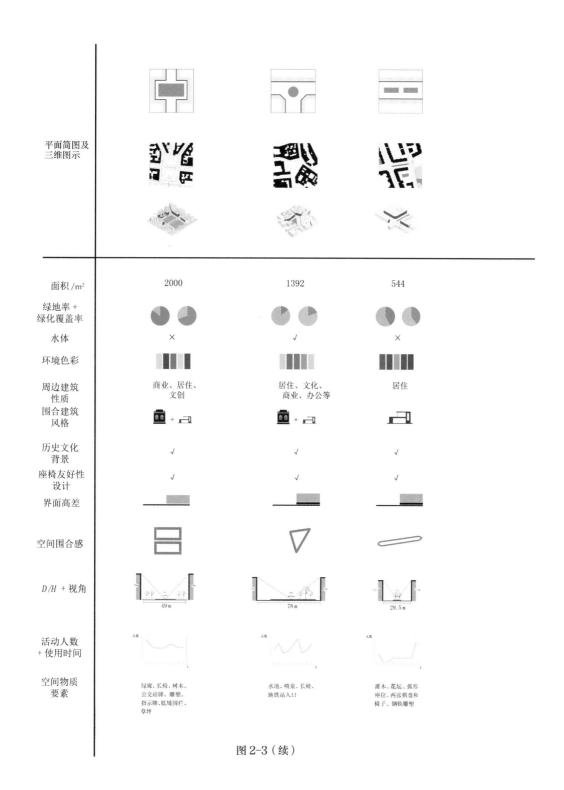

平面简图及 三维图示			
面积 /m²	2000	1392	544
绿地率 + 绿化覆盖率			
水体	×	√	×
环境色彩			
周边建筑 性质	商业、居住、 文创	居住、文化、 商业、办公等	居住
围合建筑 风格			
历史文化 背景	√	√	√
座椅友好性 设计	√	√	√
界面高差			
空间围合感			
D/H + 视角	49 m	78 m	29.5 m
活动人数 + 使用时间			
空间物质 要素	绿廊、长椅、树木、 公交站牌、雕塑、 指示牌、低矮围栏、 草坪	水池、喷泉、长椅、 地铁站入口	灌木、花坛、弧形 座位、两张棋盘和 椅子、钢铁雕塑

图 2-3（续）

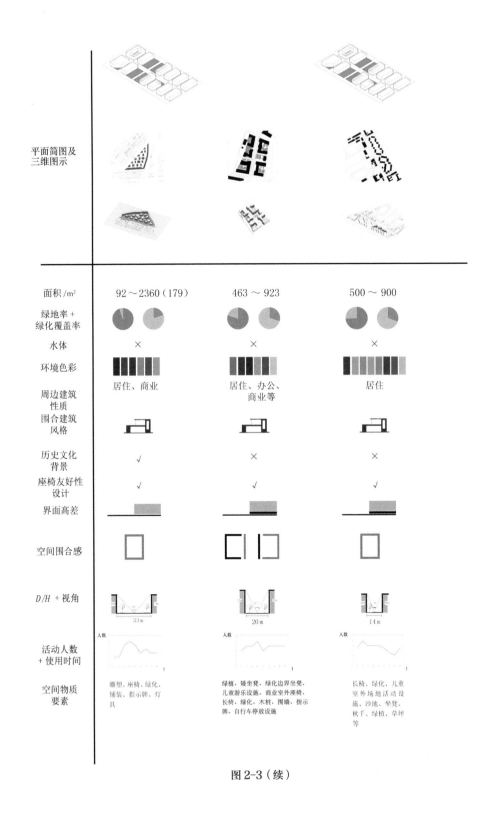

平面简图及三维图示			
面积/m²	92～2360（179）	463～923	500～900
绿地率+绿化覆盖率			
水体	×	×	×
环境色彩			
周边建筑性质	居住、商业	居住、办公、商业等	居住
围合建筑风格			
历史文化背景	√	×	×
座椅友好性设计	√	√	√
界面高差			
空间围合感			
D/H+视角	33 m	20 m	14 m
活动人数+使用时间			
空间物质要素	雕塑、座椅、绿化、铺装、指示牌、灯具	绿植、矮坐凳、绿化边界坐凳、儿童游乐设施、商业室外座椅、长椅、绿化、木桩、围墙、指示牌、自行车停放设施	长椅、绿化、儿童室外场地活动设施、沙地、坐凳、秋千、绿植、草坪等

图 2-3（续）

2.3 结果讨论

2.3.1 建筑贴附型

案例 1 慕尼黑社会主义文献中心广场

社会主义文献中心广场坐落于慕尼黑市布里恩内大街（Brienner Straße）北侧，受卡洛林广场（Karolinenplatz）和国王广场（Königsplatz）两座历史广场的古典主义布局影响，广场空间以宽敞的露台形式容纳入口区域，展现出大型混凝土板之于立面的重要性。松散的建筑细部格栅围绕着露台和新建筑整体，这处作为缓冲区域的广场空间成为社会主义文献中心与荣誉庙堂之间的过渡空间。空间要素简洁，有效呼应了建筑立面的简洁特性，广场上聚集了在此停留、休息、谈话的工作人员和过往游客。具体调研数据如表 2-1 所示。

表 2-1 案例 1 调研数据整理

场地名称	空间特征	描述
慕尼黑社会主义文献中心广场	建筑性质	文化、教育
	面积规模	1425 m²
	当日天气	7~17 ℃，晴转多云
	观测时间	2018 年 10 月 17 日 周三 15:00—16:30
	空间场景	
	平面简图及三维图示	
	空间描述	建筑体量不大，因此对应的前场地设计要素也不繁复，只采用最基本的空间限定要素以满足使用要求，同时针对建筑功能使用特性，线条简洁明确
	空间要素	台阶、铺装、绿植
	活动内容	聊天、等候、休息、拍照、观光
	通行人数	15 人 /30 分钟

资料来源：空间场景和平面简图来自 Jürgen Weidinger Landscape Architecture 事务所官网，http://www.weidingerlandschaftsarchitekten.de/realisierungen/ns-dokumentationszentrum-muenchen/。三维图示为笔者根据谷歌地图、OpenStreetMap 自绘。

案例 2　首尔城市蜂巢大楼

韩国首尔江南区江南大道城市蜂巢大楼由韩国本土建筑师事务所 Archium Architects 设计，曾荣获 2009 年首尔建筑大奖（Seoul Architecture Award）。建筑主体被 3000 多个同等大小的圆形孔洞包围。蜂窝混凝土外墙兼具美观与实用用途，还大量减少了混凝土的使用，使得大楼在视觉及使用上都具有更宽广的空间[1]。三角形入口缝隙是通向建筑内部和底层商业之间的一个被覆盖的过渡空间区域，咖啡厅位于白色立方体切削部分并打开面向城市空间。具体调研数据如表 2-2 所示。

表 2-2　案例 2 调研数据整理

场地名称	空间特征	描述
首尔城市蜂巢大楼	建筑性质	商业、办公
	面积规模	87 ㎡
	当日天气	19~33 ℃，晴
	观测时间	2015 年 8 月（由于访问期间，笔者尚未开展小微公共空间的研究，所以调研时长未满 90 分钟）
	空间场景	
	平面简图及三维图示	
	空间描述	街角空间通过凹陷的底层实现，将街道铺装延伸至室内，点缀种植槽。入口位置靠近直梯，方便通行使用，室内布置座椅，人们既可观察街道行人活动又可兼顾观察建筑中的穿行人群，两种场景并置
	空间要素	树池、座椅、方块种植槽
	活动内容	咖啡、休息、餐饮、拍照、工作、会友
	通行人数	—

资料来源：空间场景照片来自 http://architizer.com/projects/urban-hive/。平面简图和三维图示为笔者根据谷歌地图、OpenStreetMap、实际调研自绘。

---

[1]Urban Hive/ARCHIUM[DB/OL]. ArchDaily，2017-05-16[2022-07-22]. https://www.baidu.com/link?url=UO_ili6QQ3B8sUnTr-Twlbv5tV_qqMi4zFZGT35D 7ts6GRe3IAl8kY4xQ8krvW5ePsQNxbPuI29rshH NUa6Ztq&wd=&eqid=c3105eb500 32575e000000035ecaeb97.

案例 3　阿姆斯特丹博恩和斯波伦堡居住社区

于 2000 年建成的博恩（Borneo）和斯波伦堡（Sporenburg）居住社区是在大尺度城市改造和大规模住区开发中富有创意的设计探索，West8 在此实现了一种低层高密度的新邻里[1]。半岛规划中与私密空间最大化对应的是公共空间的最小化，没有模棱两可的半公共空间，没有户前花园，只有住宅间形成的狭小街道和保留的临水岸线。[2] 丰富的私有庭院空间和多样的居住单体建筑类型共同塑造了该区域的可识别性和辨识度，生活空间和日常空间的点缀削弱了此新建社区的生硬感和剥离感。具体调研数据如表 2-3 所示。

表 2-3　案例 3 调研数据整理

场地名称	空间特征	描述
阿姆斯特丹博恩和斯波伦堡居住社区	面积规模	300 ㎡至 1000 ㎡
	当日天气	3~10 ℃，微冷，小雨
	观测时间	2018 年 3 月 25 日 周日 14:00—15:30
	空间场景	
	平面简图及三维图示	
	空间描述	每个区域的建筑风格差异显著，但均采用建筑群围合中央公共绿地的形式，集中布置活动场地，设计元素简洁。邻近中央活动场地的建筑采用体块切削的形式回应场地开放性和视线呼应，严格控制建筑高度。内院均布置于长条状内侧，纵深进入单体内部，保证街道空间的连续性和内部空间的私密性
	空间要素	座椅、草坪、室外儿童玩耍设施、住户门前摆放的临时家具、船只、垃圾桶等
	活动内容	奔跑、休息、散步、遛狗、玩耍、修车
	通行人数	30 人 /30 分钟

资料来源：空间场景照片为笔者自摄。平面简图和三维图示分别根据 https://eumiesaward.com/work/2742 和 http://www.doyoucity.com/proyectos/entrada/1641 图片改绘和重绘。

---

[1] 阿市东半岛住宅区（BORNEO-SPORENBURG）[DB/OL]. West8 事务所官网中文版，2015-02-08[2022-07-22]. http://www.west8.com/cn/projects/all/borneo _sporenburg/.

[2] 李振宇，虞艳萍.欧洲集合住宅的个性化设计 [J].中外建筑，2004（3）：3-8.

案例 4　阿姆斯特丹河畔居住社区菲英岛公园

菲英岛公园（Funenpark）三角地位于展现海域历史文化的阿姆斯特丹东部重建海港区之间，场地以前的使用功能为拖车停车场。沿基地东部和南部，一座高耸的包含 300 多套公寓和办公空间的"围墙"式集合建筑，使内部居住社区免受相邻铁路的噪声影响。在半开放式社区内部的松散网格中，包含 16 个住房区块，高度从 9 m 到 18 m 不等。[1] 每栋住房都不一样，住户可清楚识别。场地居民停留区域分布着与拖车停车场痕迹有关的历史符号，人行道菱形铺装和绿植草坪自然咬合。具体调研数据如表 2-4 所示。

表 2-4　案例 4 调研数据整理

场地名称	空间特征	描述
阿姆斯特丹河畔居住社区菲英岛公园	面积规模	包含 39 处小型场地，范围在 92 ㎡至 2360 ㎡，平均面积值为 719 ㎡
	当日天气	3~10 ℃，微冷，小雨
	观测时间	2018 年 3 月 25 日 周日 16:30—18:00
	空间场景	
	平面简图及三维图示	
	空间描述	建筑室内外空间融合交织，东侧边界的长廊式建筑保护着内侧低层建筑免受交通的噪声与视线干扰。空间要素简单明确。场地整体铺装方式有趣，人行步道和草坪的衔接通过菱形、梯形等形式渗透咬合，而非采用生硬的线条框定
	空间要素	雕塑、座椅、绿化、铺装、指示牌、灯具
	活动内容	散步、遛狗、花艺、骑行
	通行人数	5 人／分钟

资料来源：空间场景照片均为笔者自摄。平面简图和三维图示为笔者根据谷歌地图、OpenStreetMap、官网数据和实测调研自绘。

---

[1]What a wonderful world: 13 fabulous gardens [EB/OL]. CNN Trave l, 2011-01-26[2022-07-22]. http://edition.cnn.com/2014/06/19/travel/fabulous-garde ns/index.html.

案例 5　马德里新 Caixa Forum 文化中心与垂直绿墙

由赫尔佐格和德梅隆设计的马德里新 Caixa Forum 文化中心在城市中宛如一块磁铁，近 600 m² 的垂直花园，享有西班牙首座垂直花园的美誉。垂直绿墙由 1000 多株 250 种不同类型的植物组合而成，在马德里中心区独特建筑风貌环境中，该垂直花园提供了自然的、调节空气湿度的天然绿化环境屏障。[1] 为满足生态环境需求，也基于艺术审美考虑，绿墙设计师帕特里克·布兰科利用透视法创造出一件融合现代都市氛围的生态艺术作品。将形态体量宽大的灌木栽种在该表皮上部区域，体量小巧精致的草本植物种类布置在更易于人们视觉感知的下部，形成与近大远小普遍透视规律不同的视觉均衡感。[2] 具体调研数据如表 2-5 所示。

表 2-5　案例 5 调研数据整理

场地名称	空间特征	描述
马德里新CaixaForum文化中心与垂直绿墙	建筑性质	文化、展览
	面积规模	175 m²
	当日天气	8~10 ℃，阴转晴
	观测时间	2017 年 12 月 31 日 周日 14:30—16:00
	空间场景	
	平面简图及三维图示	
	空间描述	厚重体量的反重力感、新旧建筑材料对比、垂直绿墙对街道空间的强烈视觉吸引形成特殊场域吸引力。建筑底部架空设计不仅使其在视觉上保持连贯，也形成通畅步行体验。该例充分展现出通过多样建筑表皮的表达反映城市形象、情感、空间、生态等氛围的独特性
	空间要素	绿植、花卉、指示牌、水池、围栏
	活动内容	拍照、聊天、等候、散步、穿行
	通行人数	45 人 /30 分钟

资料来源：空间场景照片为笔者自摄。平面简图和三维图示为笔者根据谷歌地图、OpenStreetMap、实测调研自绘。

---

[1]CaixaForum 文化中心，马德里 / HERZOG & DE MEURON[EB/OL]. 谷德设计网，2018-07-20[2022-07-22]. https://www.gooood.cn/caixaforum-madrid -by-herzog-de-meuron.htm.
[2] 舒欣，邱宁 . 建筑表皮的双面性——形态与生态——以马德里当代艺术博物馆（Caixa Forum Madrid）为例 [J]. 中外建筑，2013（7）：77-78.

案例 6　胡椒山街道屋顶绿化广场

坐落在柏林胡椒山街道的 DUE-FORNI 餐厅前绿化广场，是柏林都市园林设计的一部分，又成为室外座椅的视觉景观焦点。这座鲜花盛开的城市自然风貌花园种植了 3000 多种多年生草本植物，为无数生物提供了栖息地并满足其食物需求。同时植物的搭配考虑到不同时期开花效果和植物颜色，形成纵横交错的色彩感，也包含一些诸如铁木树、山毛榉和观赏樱桃等树木。花园下方提供后侧居住住户的入口广场。具体调研数据如表 2-6 所示。

表 2-6　案例 6 调研数据整理

场地名称	空间特征	描述
胡椒山街道屋顶绿化广场	建筑性质	居住、餐饮
	面积规模	390 m²
	当日天气	6~17 ℃，多云转晴
	观测时间	2018 年 5 月 2 日 周三（假日）16:30—18:00
	空间场景	
	平面简图及三维图示	
	空间描述	花卉场地和餐厅室外空间结合，延伸扩展了屋顶利用范围，虽然场地无法直接进入，但保证了场地自然环境的完整性和植物的健康生长。丰富的色彩组合形成天然的街道视觉吸引要素，美化城市街道空间
	空间要素	绿植、花卉、指示牌、社区和餐厅入口场所、台阶、围栏
	活动内容	散步、聊天、等候、用餐
	通行人数	30 人 /30 分钟

资料来源：空间场景照片为笔者自摄。平面简图和三维图示为笔者根据谷歌地图、OpenStreetMap、实测调研自绘。

案例 7　加泰罗尼亚理工大学图书馆内侧小微公共空间

运用一个简单的设计操作将建筑体量切削形成一处三角空间，种植四棵树并结合摆放垂直建筑主体方向的长凳和独座。凹陷的建筑立面空间采用通透玻璃幕墙，形成和上方实体封闭体块的强烈对比，四棵树成为阅览者的景观观赏点，也成为凹入界面和外部校园空间的缓冲过渡。

切削的三角形态与转角处建筑顶部一排三角形飘窗形成体量呼应和形式统一。此处小微公共空间成为建筑整体的一部分。顺应场地坡度升高，依次摆放的长凳也强化了视觉上升感，隐藏又引导本不显著的建筑次入口。具体调研数据如表 2-7 所示。

表 2-7　案例 7 调研数据整理

场地名称	空间特征	描述
加泰罗尼亚理工大学图书馆内侧小微公共空间	建筑性质	文化、教育
	面积规模	740 ㎡
	当日天气	10~12 ℃，阴转晴
	观测时间	2018 年 1 月 7 日 周日 15:30—17:00
	空间场景	
	平面简图及三维图示	
	空间要素	石长凳、自行车停放架、绿植、独座、垃圾桶、扶手栏杆
	活动内容	散步、聊天、等候、阅读、穿行、骑行
	通行人数	15 人 /30 分钟

资料来源：空间场景照片为笔者自摄。平面简图和三维图示根据谷歌地图、OpenStreetMap、实测调研自绘。

2.3.2 街道衍生型

案例 8 柏林萨维尼广场

萨维尼广场（Savignyplatz）位于柏林西部中心夏洛滕堡区，始建于 1861 年，以弗里德里希·威廉四世时期一位司法部部长名字命名。萨维尼广场是格罗曼大街、格赛贝克大街和卡曼大街等几条城市干道交会处，也是康德大街（Kantstraße）上最大的广场。由康德大街将其分为南北两个几乎完全对称的绿地广场区域。两个地块具备相似的设计特点和空间尺度，且各自保持相对独立。南侧地块面积略大，空间形态严整，包含多种景观构筑物。广场坐落于萨维尼广场轻轨车站旁侧，作为城市空间的重要交通型、休闲型和文化型空间节点，该地块是人流渗透到城市干道的一处必经区域。具体调研数据如表 2-8 所示。

表 2-8 案例 8 调研数据整理

场地名称	空间特征	描述
柏林萨维尼广场	建筑性质	商业、居住、文创
	面积规模	40 m×50 m=2000 m²
	当日天气	10~21 ℃，晴
	观测时间	2018 年 6 月 30 日 周六 10:30—12:00
	空间场景	
	平面简图及三维图示	
	空间描述	人流量大，环境优美，休闲座椅分布均匀，空间使用良好。周围云集商业、餐饮、居住、文化创意、公共交通多种类型建筑，D/H 为 1.69 至 4，尺度视野舒适
	空间要素	绿廊、长椅、树木、公交站牌、雕塑、指示牌、低矮围栏、草坪
	活动内容	等车、休闲、聊天、会友、小型商业
	通行人数	60 人 /30 分钟

资料来源：空间场景照片为笔者自摄。平面简图和三维图示为笔者根据谷歌地图、OpenStreetMap、实测调研自绘。

案例 9　柏林格莱姆绿洲雕塑公园

格莱姆绿洲雕塑公园（Gleim-Oase Skulpturenpark）坐落于格莱姆街道（Gleimstraße）的一座小型交通岛。1961 年因为格莱姆隧道边界问题，该区域被堵塞截断[1]，1985 年住房协会德格沃先生提议在路中央建造一个岛屿，长 68 米，宽 8 米。[2]空间两端分别以薄片人形雕塑和石凳为空间起点和结束，中间为弧形路径连接，围绕路径设置高低起伏的混凝土桩，公园内两侧点缀绿植。公园尽端和格莱姆隧道连接，属隧道出入口同城市交通干道的过渡衔接空间。具体调研数据如表 2-9 所示。

表 2-9　案例 9 调研数据整理

场地名称	空间特征	描述
柏林格莱姆绿洲雕塑公园	建筑性质	居住
	面积规模	544 m²
	当日天气	4~14 ℃，晴，微凉
	观测时间	2018 年 9 月 30 日 周日 17:30—19:00
	空间场景	
	平面简图及三维图示	
	空间描述	公园南北两侧均为居住建筑，南侧建筑更现代，且设立底商，是附近公寓老年住户聚会场所。对环岛的注视可以有效降低通过隧道车辆的行驶速度，此绿色交通岛职能的小微公共空间也提供给附近居民和步行者放松停留的安全场所
	空间要素	花坛、灌木、弧形座位、棋盘和椅子、钢铁雕塑
	活动内容	观察时一个半小时时间段内鲜有行人通行，空间中尚无活动展开，但推测可能活动内容为聚会、聊天等
	通行人数	2 人 /30 分钟

资料来源：空间场景照片为笔者自摄。平面简图和三维图示为笔者根据谷歌地图、OpenStreetMap 和实测调研自绘。

[1]Gleim-Oase ist Berlins schönste Verkehrsinsel[EB/OL]. Berliner Woch e，2014-10-27[2022-07-22]. https://www.berliner-woche.de/gesundbrunnen/verkehr/ gleim-oase-ist-berlins-schoenste-verkehrsinsel-d62590.html.
[2]Vogelskulpturen kehren auf die Gleim-Oase zurück[EB/OL]. Quartiers management Brunnenviertel-Ackerstrasse，2017-03-05[2022-07-22]. http://www.br unnenviertel-ackerstrasse.de/GleimOaseSkulpturen.

案例10　柏林豪斯福格台广场

豪斯福格台广场（Hausvogteiplatz）位于柏林米特区，该区域兼具柏林中心区和历史核心区职能。豪斯福格台广场是一座三角形街角广场，位于柏林歌剧院东侧约300米处，距离北侧著名的菩提树大街仅三个街区。18世纪广场初建之时并没有考虑喷泉和绿化要素，直到19世纪中叶喷泉和绿化要素才被添置。后广场经历地铁线路建设和挖掘扩建，广场面积有所增加，1908年政府部门对其进行重新规划设计，水池和喷泉得到艺术化提升，大型绿化植被和多处双向长椅围绕中心喷泉摆放。由于广场所处位置以及同地铁站出入口的有机结合，该区域成为一处城市微型缓冲地带。便捷的可达性和完美的地理区位引导人们不经意间慢行至此，视野顿时开阔。该案例也表现出小微公共空间受到周围城市环境、城市建设的深刻影响下的形态变迁发展。具体调研数据如表2-10所示。

表2-10　案例10调研数据整理

场地名称	空间特征	描述
柏林豪斯福格台广场	建筑性质	居住、文化、商业、办公等
	面积规模	1392 m²
	当日天气	15~23 ℃，多云
	观测时间	2018年6月16日周六9:30—11:00
	空间场景	
	平面简图及三维图示	
	空间描述	空间周围建筑界面规整、风格统一，限定了空间边界，视野开阔，搭配绿植。空间使用呈现出时间阶段特征，临时性汽车食品店的出现对午餐时段广场人数有一定影响
	空间要素	水池、喷泉、长椅、地铁站入口
	活动内容	遛弯、休息、聊天、通行
	通行人数	42人/30分钟

资料来源：空间场景照片为笔者自摄。平面简图和三维图示为笔者根据谷歌地图、OpenStreetMap和实测调研自绘。

案例 11　巴塞罗那卡勒·德·拜伦沿街公园

卡勒·德·拜伦（Carrer de Bailen）沿街公园宽度在 12.5 m 到 17 m，给人最直观的感受是慢行至此处后的惬意和惊喜，搭配空间两侧丰富的近人尺度建筑细部设计和近在咫尺但又保证安全隔离的车行道。座椅的布置基本两两一组，围合成小区域范围，设置休息区、儿童区、聚会区，面向内侧人行街道的空间边界以低矮树木为主，灌木丛被种植在与车行道隔离的位置，形成边界效应和物理障碍，也保持了道路建设的可持续性。在百年大树旁新种植小树，树群一起为居民带来阴凉。[1] 地面采用草地和条石相间铺装方式，有利于植物生长和场地植被多样化，平行街道方向的伸展方式也强化了视觉的延伸性。空间本身没有过多繁复设计，整体绿化环境基调、朴素地面铺装，以及厚重坚实的木质座椅给人安全可靠感，充足休息座椅的灵活摆放，为行人停留提供可能，利于提升该区域的商业和娱乐价值。具体调研数据如表 2-11 所示。

表 2-11　案例 11 调研数据整理

场地名称	空间特征	描述
巴塞罗那卡勒·德·拜伦沿街公园	建筑性质	居住、餐饮、办公
	面积规模	230 m² ×5
	当日天气	6~13 ℃，晴转多云
	观测时间	2018 年 1 月 10 日周三 11:00—12:30
	空间场景	
	平面简图及三维图示	
	空间要素	木质长凳、绿化、隔离带、地砖草坪铺装
	活动内容	散步、等候、遛狗、聊天
	通行人数	15 人 /30 分钟

资料来源：空间场景照片为笔者自摄。平面简图和三维图示根据谷歌地图、OpenStreetMap 和实测调研自绘。

---

[1] 景观设计精华——巴塞罗那 ST JOAN 大道景观设计 /Lola Domènech. [EB/OL]. 吴龙设计博客，2012-06-28[2022-07-22]. http://blog.sina.com.cn/s/blog_ 673c8b9e010161r1.html.

案例 12　巴塞罗那迪森尼中心前广场

巴塞罗那迪森尼中心（Barcelona centre de Disseny）前广场地处 22@ 新区核心区域，毗邻由让·努维尔（Jean Nouvel）设计的巴塞罗那新地标阿格巴塔（AGBAR Tower）以及悬挑出巨大体量的市设计展示中心建筑。该空间充分体现小微公共空间同城市整体环境的有机关联，是在大空间场所中通过构筑物限定形成的小微场所区域，顶棚轻薄的彩色幕纱形态自然流畅，和阿格巴塔的立面色彩呼应，又为下部穿行和停留的人群提供阴凉。两侧包裹框架的幕纱也有细节设计，横条统一排列，中点缀有圆形图案。广场地面上绘有简明黄色导览指示线，笔者猜测可能和邻近设计中心使用期间安排人群有序入场有关。除黄色标识，还有其他地面彩绘和绿化灌木丛等要素限定不同场所区块。在该广场可观察周围城市生活情景，座椅被布置在依靠灌木丛并面向新区现代建筑一侧，顺应人群步行方向。具体调研数据如表2-12所示。

表 2-12　案例 12 调研数据整理

场地名称	空间特征	描述
巴塞罗那迪森尼中心前广场	建筑性质	展览、商务办公
	面积规模	2800 ㎡
	当日天气	6~13 ℃，晴转多云
	观测时间	2018 年 1 月 10 日 周三 14:00—15:30
	空间场景	
	平面简图及三维图示	
	空间要素	木质长凳、铸铁框架、绿化带、遮阳设施、地面导览指引标识
	活动内容	散步、等候、拍照、用餐
	通行人数	10 人 /30 分钟

资料来源：空间场景照片为笔者自摄。平面简图和三维图示为笔者根据谷歌地图、OpenStreetMap 和实测调研自绘。

案例 13 北京王府井街道口袋公园

该项目隶属于王府井地区整治提升项目，场地集中在王府井西街以东、北至大甜水井胡同、南至大纱帽胡同街区。设计理念为"墙上痕"：将北京传统建筑中的砖墙作为图像提取的对象，翻转砖墙构造、得到"砖缝"的负形，将原本由砖承载的一个墙体围合界面翻转成由缝隙组成的墙面基本框架，形成整体造型，借此唤起北京人对儿时古老砖墙在阳光照射下发生明暗、光影变化的回忆。镂空形式也隐喻了"砖"的存在意象，原本坚硬的封闭的灰砖被柔软亲切的垂直绿植代替，也增加了墙面的丰富性。狭小场地通过空间划分和不同尺度层次处理，将城市空间复杂性呈现出来，为不同群体创造共享空间，提供对话与交流的可能性，以此唤醒公众对于旧城生活的集体记忆。具体调研数据如表 2-13 所示。

表 2-13 案例 13 调研数据整理

场地名称	空间特征	描述
北京王府井街道口袋公园	建筑性质	办公、商业、餐饮
	面积规模	950 ㎡
	当日天气	25~32 ℃
	观测时间	2020 年 7 月 15 日周三 15:00—16:30
	空间场景	
	平面简图	
	空间要素	遗留的树木、钢板曲线墙面、垂直绿化种植槽、灯光照明、地面树池
	活动内容	受气温炎热影响，空间中活动人数较少
	通行人数	5 人 /30 分钟

资料来源：空间场景照片为笔者好友志阳拍摄。平面简图为笔者根据有方建筑 https://www.archiposition.com/items/20180525112259 提供的平面图改绘。

案例 14　北京凹陷花园

地块本身具有强烈的线性特征，故通过两个平行走廊主轴结构实现场地划分，同时增加鲜受城市建成环境影响的场地内在的体验感。挖掘地面下沉造成的多层植被表面和天然峡谷景观特质，构思了上升、下沉和封闭花园三种场景体验，分别让参观者沉浸于自然中、以俯瞰角度观察自然以及从封闭小空间观察孔观赏，还穿插各种步行路径，以最大限度邀请体验者深入探索体验和沉思。

三个花园分别被布置于两条平衡走廊主轴上。凹陷的不规则混凝土体块形态灵感来源于中国苏州园林的假山堆叠以及西方石窟造型的综合意象。两条走廊中较长的一条廊道引导游客从一个由混凝土围合的空间中通过，最终沉浸在茂密植被中，主要通道引领体验者进入"下沉花园"及从外部观赏"封闭花园"生态系统，实现峡谷效应。另一条廊道提供游走于景观上方的体验，两个走廊由不同材料的铺装相连，从而产生景观多样性及不同的心灵体验。具体调研数据如表 2-14 所示。

表 2-14　案例 14 调研数据整理

场地名称	空间特征	描述
北京凹陷花园	建筑性质	高架桥
	面积规模	1000 m²
	当日天气	—
	观测时间	—
	空间场景及平面简图	
	空间要素	水泥种植槽、木质踏板、乔灌木、砂石地面、混凝土地砖铺装地面、草坪、指示导览图
	活动内容	—
	通行人数	—

资料来源：空间场景照片来自事务所官网 http://www.plasmastudio.com/。平面简图为笔者根据 http://www.plasmastudio.com/ 网站图片改绘。

2.3.3 "L"围合型

案例 15　柏林 GSW 房地产公司总部东侧小型广场

主要通过地面的抬升实现场地限定，场地中的绿植一年四季场景更迭变换。空间形状同北侧的 Verbraucherzentrale Bundesverband 圆形出挑建筑形成总图上的呼应关系。地面铺装简洁，木质座椅镶嵌在台阶中方便坐卧。具体调研数据如表 2-15 所示。

表 2-15　案例 15 调研数据整理

场地名称	空间特征	描述
柏林 GSW 房地产公司总部东侧小型广场	建筑性质	办公、居住、商业
	面积规模	584.6 ㎡
	当日天气	10~20 ℃，晴
	观测时间	2018 年 9 月 26 日 周三 14:50—16:20
	空间场景	 
	平面简图及三维图示	 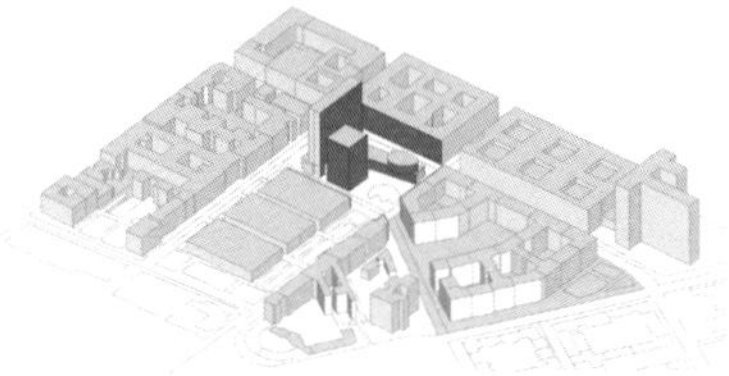
	空间要素	树木、台阶、木质座椅、圆形石子界定不可进入停车区域边界，北侧有自行车停车架和生态产品超市的室外座椅
	活动内容	聊天、休息、吃午餐
	通行人数	10 人 /30 分钟

资料来源：空间场景照片为笔者自摄。平面简图和三维图示为笔者根据谷歌地图、OpenStreetMap 和实测调研自绘。

案例 16 柏林莱特街新居住社区

柏林莱特街（Lehrter Straße）新居住社区由 12 栋东西向与南北向混合的板式或点式住宅组成，位于邮政体育场公园（Poststadion Sportpark）东侧和柏林主火车路线西侧。由于基地为北偏西的长条形状，不利于建筑单体空间分布。周边建筑多采用南向偏东的板状单体建筑，基本吻合场地特征。考虑到邻近铁路，社区建筑会成为来往乘客的视觉观赏点，也为避免交通噪声对居住生活造成不利影响，将院落空间呈围合状分散布置于居住区内侧，并在社区边界加设巨型隔声玻璃围挡装置。院内的公共空间结合地下停车场通风口地面高起部分布置，设计绿化树池和休闲座椅，进行复合利用。具体调研数据如表 2-16 所示。

表 2-16 案例 16 调研数据整理

场地名称	空间特征	描述
柏林莱特街新居住社区	面积规模	500 ㎡至 900 ㎡
	当日天气	11~19 ℃，晴，微凉
	观测时间	2018 年 9 月 30 日 周日 15:30—17:00
	空间场景	
	平面简图及三维图示	
	空间描述	居住区建筑群采用折线布局方式，公共空间呈现多种空间形态类型。长椅高低错落，与慢行步道有机结合，浑然一体。儿童娱乐设施种类丰富且颜色各异，地面铺装软性塑胶材料，颜色饱和度低，点缀沙土材料提供缓冲
	空间要素	长椅、绿化、儿童室外场地活动设施、沙地、坐凳、秋千、绿植、草坪等
	活动内容	儿童玩耍、父母在旁聊天观看
	通行人数	12 人 /30 分钟

资料来源：空间场景照片为笔者自摄。平面简图和三维图示为笔者根据谷歌地图、OpenStreetMap 和实测调研自绘。

案例 17　巴塞尔某住宅区地下停车场入口前广场

巴塞尔具备极高的设计素养和精益求精追求细节的态度，此外，还云集众多现代主义建筑大师如赫尔佐格、博塔、盖里等的知名建筑作品，吸引了众多游客前来参观和驻足品味。比如这一处略显朴素的地下停车场入口空间及前侧小微公共空间，邻近两座建筑呈 L 形的街角区域，简约处理的混凝土 L 形折板巧妙承担了地下停车场入口和自行车停靠这两种功能。入口部分采用淡绿色方形玻璃盒体量，清晰可感，从清水混凝土背景中脱颖而出。近距离玻璃的反射效果又造成其逐渐消隐的效果，轻盈可感。进入车库的玻璃体量并未占据 L 形折板的全部宽度，而是又对空间进行了细分。前方的小微公共空间场地自然区分出自行车推行场地,此处草坪也逐渐磨损，另一侧平行场地布置两条简易坐凳,朝向道路行进方向。具体调研数据如表2-17所示。

表 2-17　案例 17 调研数据整理

场地名称	空间特征	描述
巴塞尔某住宅区地下停车场入口前广场	建筑性质	居住
	面积规模	350 m²
	当日天气	—
	观测时间	2018 年 10 月 23 日 周二 10:00—11:30
	空间场景	
	平面简图及三维图示	
	空间要素	低层居住建筑、绿化、坐凳、铺装、自行车停车架、垃圾桶、自行车、砂石地面
	活动内容	穿行、骑行
	通行人数	2 人 /30 分钟

资料来源：空间场景照片为笔者自摄。平面简图和三维图示为笔者根据谷歌地图、OpenStreetMap 和实测调研自绘。

案例 18　柏林米特居住社区 L 围合型公园

该社区仅包含两栋坐落在街角处的高层住宅，围合限定出一处约 20 m×25 m 的矩形街角空间，整体呈现 L 形围合形态，浓密的三丛绿植将社区入口隐藏其后。一条简易长凳被放置于空间边界区域，既可满足社区居民的日常使用也提供给行人休息停留之所，空间整体简约干净，同社区两栋建筑风格统一。长凳转角弧线设计也与建筑阳台转角弧线设计呼应，三丛绿植充当第二层近人尺度界面的限定要素，满足一层住户视觉隐私需求，对于街道行人也起到视觉缓冲作用，还提供良好微环境气候。该项目入选 2017 年柏林世界建筑节参观导览项目，两栋社区住宅充分展现柏林典型现代主义设计风格：精巧、实用，造型简约。L 形街角空间的处理手法使其融入周围城市环境，既精彩又不显突兀。具体调研数据如表 2-18 所示。

表 2-18　案例 18 调研数据整理

场地名称	空间特征	描述
柏林米特居住社区 L 围合型公园	建筑性质	居住
	面积规模	470 m²
	当日天气	6~12 ℃，多云
	观测时间	2018 年 11 月 11 日 周日 11:30—13:00
	空间场景	
	平面简图及三维图示	
	空间要素	绿化、长凳、铺装、垃圾桶、灯光照明设施
	活动内容	停车、穿行、等候
	通行人数	7 人 /30 分钟

资料来源：空间场景照片为笔者自摄。平面简图和三维图示根据谷歌地图、OpenStreetMap 和实测调研自绘。

案例 19　马德里伊凡·德·瓦尔加斯社区图书馆前围合广场

马德里伊凡·德·瓦尔加斯社区图书馆（Biblioteca Pública Municipal Iván de Vargas）在马德里市社区图书馆规划中是非常重要的篇章，图书馆本身是一个历史建筑修复改造项目，设计师在对建筑不同历史时期风格特征充分挖掘的基础上保留原建筑整体历史风貌，强化年代细节符号，延续传统建筑色彩。建筑的 L 形主体由两部分组成，一部分是特色鲜明的历史建筑修复部分，另一部分则是新加建的现代简约建筑体块，两部分有机组合形成 L 形围合空间界面。设计师并未在场地运用过多的手法，而是仅在连接人行街道的小微公共空间边界端点处以小型青铜人像雕塑和一棵树作限定。L 形围合广场也承担坡道和入口空间职能，与建筑内部庭院呼应，一轻一重，一外一内，借助与入口木格栅平齐的石材立面墙体分割两者。L 形围合广场的生成也与和建筑前教堂的视线对景及城市肌理轴线呼应有关。具体调研数据如表 2-19 所示。

表 2-19　案例 19 调研数据整理

场地名称	空间特征	描述
马德里伊凡·德·瓦尔加斯社区图书馆前围合广场	建筑性质	文化
	面积规模	162 m²
	当日天气	6~14 ℃，多云转晴
	观测时间	2018 年 1 月 3 日周三 14:00—15:30
	空间场景	
	平面简图及三维图示	
	空间要素	雕塑、绿化、铺装、残疾人坡道、台阶
	活动内容	等候、散步、休息、拍照
	通行人数	12 人 /30 分钟

资料来源：空间场景照片来自 https://www.plataformaarquitectura.cl/cl/806456/biblioteca-publica-ivan-de-vargas-estudio-andrada-arquitectura，笔者自摄的照片多为室内场景。平面简图和三维图示为笔者根据谷歌地图、OpenStreetMap 和实测调研自绘。

案例 20　深圳蛇口区小区入口广场

场地位于深圳市蛇口新街与后海大道交会处，作为市政公共绿化带兼社区的出入口，这里是社区居民每天进出的必经场所。但这个重要的场地受树木、破旧围墙、杂乱管网等影响显得异常阴暗，上下班高峰时期杂乱停放的共享单车更是加重了视觉凌乱感。改造的初衷在于给予老年人和孩童一处积极的可以充分使用的活动场所。围绕这一主题结合入口空间匆匆而过的人流，提出"定格的风景"设计理念。定格的不仅有穿行的人群，还有新建背景折墙对场地橡胶榕树剪影、流浪猫痕迹、静态的秋千以及环抱型的入口围合意象的定格。静态的二维图像和立体的坐凳休憩设施结合，提升了图像参与行为的引导价值。黄色和蒂芙尼蓝两种主色调的组合搭配一改原先破败凌乱的消极感，带来活力和清爽的感受，点亮了入口空间，带动活动氛围。具体调研数据如表 2-20 所示。

表 2-20　案例 20 调研数据整理

场地名称	空间特征	描述
深圳蛇口区小区入口广场	建筑性质	居住建筑、城市道路
	面积规模	300 m²
	当日天气	—
	观测时间	—
	空间场景	
	平面简图	
	空间要素	彩绘墙、座椅、树木、公告宣传墙、折廊、刷卡门禁、树下秋千
	活动内容	—
	通行人数	—

资料来源：空间场景照片来自 https://www.gooood.cn/captured-scenes-reconstruction-of-dongjiaotou-community-entrance-shenzhen-china-zizu-studio.htm。平面简图为笔者根据该网址提供资料重绘。

2.3.4 "U"围合型

案例 21　阿姆斯特丹霍夫图因公园

坐落于荷兰 Hermitage Amsterdam 东侧的霍夫图因（Hoftuin）公园，依托荷兰 Hermitage Amsterdam 以及周围历史建筑的围合关系形成一块独立临街区域，部分场地供园内餐厅室外部分使用。场所给人的整体氛围和体验感知非常舒适，点缀的艺术、历史雕塑小品更丰富了场所体验层次。具体调研数据如表 2-21 所示。

表 2-21　案例 21 调研数据整理

场地名称	空间特征	描述
阿姆斯特丹霍夫图因公园	建筑性质	文化建筑（博物馆）、餐厅、教育建筑（学校）
	面积规模	71.3 m×64.8 m=4620.24 m²，减去餐厅面积 313 m²，最终得出 4307.24 m²
	当日天气	2~9° C，局部多云转晴 / 零散阵雨
	观测时间	2018 年 3 月 25 日 周日 11:30—13:00
	空间场景	
	平面简图及三维图示	
	空间描述	通过下沉台阶进入，公园和街道通过通透栏杆柔化界面。草坪上分散布置现代艺术作品、指示牌等。尽端一片微型水池搭配芦苇墙营造出幽静氛围。公园邻近 Hermitage Amsterdam 边界的金属墙板采用了充满艺术气息的花纹镂空图样。D/H 为 3.5~4.3。空间整体给人安静优美感
	空间要素	雕塑、座椅、长椅、植物、水池、基面台阶、艺术品、小型商业（餐厅）垃圾桶
	活动内容	用餐、休息、聊天、工作、停车、路过
	通行人数	22 人 /30 分钟

资料来源：空间场景照片为笔者自摄。平面简图和三维图示为笔者根据谷歌地图、OpenStreetMap 和实测调研自绘。

案例 22 纽约佩雷公园

纽约佩雷公园（Paley Park）虽不是笔者亲自调研的案例，但它在小微公共空间及城市微公园发展史上具有重要的里程碑意义，也是典型的高密度城市消极空间再利用和建筑楼宇间隙空间更新的经典案例。

位于曼哈顿中心第 53 号大街北侧的佩雷公园占地约 390 m²，基地形状为长方形（12 m×32.5 m）。现佩雷公园是在 1999 年设计原始状态基础上的重建。最初，佩雷公园的设计目的是打造一座"城市中心绿洲"，在此人们可自由享受公园内的休闲时光，还能充分体会远离现代纷繁城市环境的独特体验。袖珍公园创立之初即面向使用适当性与针对性，而非过分追求功能多样化。实际上，场地现状条件和本身小尺度的规模特性决定其无法担负更多功能，即便如此，它仅仅凭借简单有限的休闲座椅设施便满足了人们的短暂使用诉求，异常受欢迎，尤其得到附近写字楼办公职员、漫步于此的游客以及居民的喜爱。公园内 17 棵皂荚树间隔大致 4 m，呈梅花形栽种，树木以松散形态分布，延伸到人行道以及入口处台阶，营造出轻松的空间氛围。236 m 高的瀑布成为空间的点睛之笔和视觉焦点，沿整个后墙墙面倾斜而下的水流，为充斥着嘈杂噪声的纽约核心区带来了犹如天籁的缓缓水声，以及难得的松弛感。除却空间中自然元素的精妙设计，地面铺装也暗含心思，平整却并不十分光滑的粉色花岗岩被铺设在台阶以及同城市衔接的路面，并点缀在种植墙上。此外空间中的乔灌木、藤本植物以及种植在花池中的草本植物等丰富植物群落弱化了纽约高耸冷艳的建筑形象和紧张匆忙的城市氛围，也弱化了公园内部坚硬材料带来的冷漠感和僵硬感。具体调研数据如表 2-22 所示。

表 2-22　案例 22 调研数据整理

场地名称	空间特征	描述
纽约佩雷公园	建筑性质	办公、居住、商业
	面积规模	390 m²
	空间场景及平面简图	
	空间要素	水体、绿植、座椅、平台、灯具、树木

资料来源：平面简图为笔者根据谷歌地图、OpenStreetMap 和文献资料自绘，空间场景照片来自 https://www.terrapinbrightgreen.com/blog/2015/11/new-case-studies-biophilic-design/。

案例 23　柏林弗洛特维尔大街和吕佐大街居住社区

弗洛特维尔大街和吕佐大街（Flottwellstr. & Lutzowstr.）居住社区位于柏林著名的三角公园（Gleisdreieck Park）西侧，被两处道路入口通道包围于内侧。社区建筑以居住为主，底层包括餐饮、办公、零食和商业等。外侧交通较为拥堵，噪声干扰大。公共空间多呈 U 围合形镶嵌于五栋居住建筑内侧，也有布置在建筑过道两侧的空间。建筑风格略有差异，以 7 至 8 层为主，顶层错后形成屋顶绿化平台。被围合在内侧的小微公共空间布置了起伏绿地草坡、儿童游乐设施、自行车停放设施等，搭配颜色差异的绿植形成私密安静的自用空间。具体调研数据如表 2-23 所示。

表 2-23　案例 23 调研数据整理

场地名称	空间特征	描述
柏林弗洛特维尔大街和吕佐大街居住社区	建筑性质	居住、办公、商业
	面积规模	6 个区域的室外小微公共空间面积规模在 463 ㎡ 至 923 ㎡
	当日天气	9~21 ℃，南风，天气晴朗
	观测时间	2018 年 10 月 5 日 周五（假日）16:30—18:00
	空间场景	
	平面简图及三维图示	
	空间要素	绿植、矮坐凳、绿化边界坐凳、儿童游乐设施、商业室外座椅、长椅、绿化、木桩、围墙、指示牌、自行车停放设施
	活动内容	玩沙活动、邻里聚会、消费空间、聊天、会友
	通行人数	12 人 /30 分钟

资料来源：空间场景照片为笔者自摄。平面简图和三维图示为笔者根据谷歌地图、OpenStreetMap 和实测调研自绘。

案例 24　柏林科尔 - 布什 - 戈尔巴乔夫纪念碑小微公共空间

柏林科尔 - 布什 - 戈尔巴乔夫纪念碑小微公共空间受边界高层建筑布局影响，形成两处 U 形窄条状空间场所，场地条件限制较多，能够在如此紧张和环境条件欠佳的区域提供良好空间品质实属不易。小微公共空间依附的高层建筑地处三条街道交会处，空间空旷，建筑布局形成前后两处 U 形空地。结合 U 形场地纵向体量进深方向作最大限度压缩，设计出内部步行窄径，尽量突出和扩大绿化。在变电箱两侧设置休息坐凳和吸烟区，满足办公楼上班族日常使用需求，弱化变电箱的存在。两处小微公共空间地面均从城市主干道侧向建筑一侧向内倾斜，形成一种内收和吸入效果。第一处小微公共空间通过石质围墙限定内部区域，内部区域分成石材铺装散步区和绿化种植区，并点缀着高大树植，形成办公楼底层空间与城市主干道的视线隔离。第二处小微公共空间则仅通过绿植隔断内外，且没有明显高度区分，意欲凸显科尔 - 布什 - 戈尔巴乔夫纪念碑。具体调研数据如表 2-24 所示。

表 2-24　案例 24 调研数据整理

场地名称	空间特征	描述
柏林科尔·布什·戈尔巴乔夫纪念碑小微公共空间	建筑性质	文化
	面积规模	240 ㎡ / 500 ㎡
	当日天气	5~11 ℃，小雨转晴
	观测时间	2018 年 9 月 25 日 周二 14:15—15:45
	空间场景	
	平面简图及三维图示	
	空间要素	雕塑、绿化、铺装、变电箱、残疾人坡道、台阶
	活动内容	等候、散步、休息、拍照
	通行人数	5 人 /30 分钟

资料来源：空间场景照片为笔者自摄。平面简图和三维图示为笔者根据谷歌地图、OpenStreetMap 和实测调研自绘。

案例 25　巴塞罗那 Montbau 阿尔伯特·佩雷斯·巴罗图书馆小微公共空间内院

Montbau 阿尔伯特·佩雷斯·巴罗图书馆（Biblioteca Montbau-Albert Pérez Baró）位于巴塞罗那奥尔塔 - 圭纳多区（Horta-Guinardó），面积 753 m²。前身为 20 世纪 60 年代建设的文教类设施，经 1991、2000 年两次改造加建，最终于 2015 年由 Oliveras Boix Arquitectes 完成更新。设计保留原有建筑结构，增加三个新体块。由于两次加建引起的建筑形态变化，形成多个围合庭院，其中位于建筑后部阅览区两侧的 U 形小微公共空间令人感觉舒适，两处空间由于进深不同，处理手法略有差别，但基本都围绕阅览区域布置一个休闲座椅区域，地面砂石铺装。借助绿化灌木丛、树木、金属封闭隔板同周围街道隔离，营造私密安静的小区域氛围，围合感强，保持天空开阔度的同时又和室内阅览区形成对视。虽然本案例小微公共空间不具有完全开放的公共性，但在巴塞罗那市，社区图书馆不仅提供图书阅览、资料查阅服务，还会定期举办职业培训、艺术品展览、文艺演出、公益募捐等公共活动。图书馆开放时间较长，所有市民及游客无须办理借阅卡即可进入图书馆。具体调研数据如表 2-25 所示。

表 2-25　案例 25 调研数据整理

场地名称	空间特征	描述
巴塞罗那 Montbau 阿尔伯特·佩雷斯·巴罗图书馆小微公共空间内院	建筑性质	文化
	面积规模	102 m² 和 135 m²
	当日天气	15~20 ℃，多云
	观测时间	2018 年 11 月 14 日 周三 15:30—17:00
	空间场景	
	平面简图及三维图示	
	空间要素	绿化、铺装、台阶、座椅
	活动内容	等候、散步、休息、拍照
	通行人数	2 人 /30 分钟

资料来源：空间场景照片为笔者自摄。平面简图和三维图示为笔者根据谷歌地图、OpenStreetMap 和实测调研自绘。

案例 26　里斯本阿尔马达生活社区内部小微公共空间

阿尔马达生活社区由两栋面对面的居民楼和一栋连接体建筑组成，场地内空间布局流畅舒缓，通过微地形、微坡地自然划分步行路径。座椅造型依托坡地形态边界布置，微地形的坡度设计增加了空间的丰富性，强化了行走体验。场地景观浓郁的绿色、建筑主体醒目的深蓝色玻璃界面及白色横向线条、竖向红砖覆面及局部红色金属板形成完美视觉搭配。场地内行进路线的划分方式也同进入该场地的外部公共空间呼应，从入口开始就营造一种微地形体验，舒缓的曲线和缓和的坡度引导人们行进。社区内部小微公共空间对外渗透，社区外部城市公共空间向内影响，社区与城市产生对话，小微公共空间有效积极参与到整体城市空间体系中。指示牌的镂空设置突显限定该小微公共空间场所的两栋主要建筑体量，又有视觉趣味性，搭配标志牌浅浮雕字体设计，精微到每处细节。具体调研数据如表 2-26 所示。

表 2-26　案例 26 调研数据整理

场地名称	空间特征	描述
里斯本阿尔马达生活社区内部小微公共空间	建筑性质	文化
	面积规模	3920 ㎡
	当日天气	8~14 ℃，晴
	观测时间	2017 年 12 月 24 日 周日 15:00—16:30
	空间场景	
	平面简图及三维图示	
	空间要素	标识、绿化、铺装、绿植、台阶、座椅、长凳
	活动内容	等候、散步、休息、拍照
	通行人数	4 人 /30 分钟

资料来源：空间场景照片为笔者自摄。平面简图和三维图示为笔者根据谷歌地图、OpenStreetMap 和实测调研自绘。

案例 27　成都远洋太古里商业区小微广场

太古里项目为人称道的设计亮点是其开放式、低密度的街区形态购物中心模式，新奇的建筑形式和现代化的时尚橱窗设计，以及同老街旧巷、古寺故宅的和谐共生，赋予了商业区应有的气质吸引，更重要的是以五个主要广场构成的公共空间分布式格局，让人们沿街漫步时可随时方便地"接入"身边最近的空间趣味点和活力点。商业区公共空间规划以街道为骨架，将广场、原有庭院和大量新增庭院及模糊多义的空间以一种非层级的密集方式分散布局于场地之内。最大的寺前广场为65 m×55 m，最小的广场不过20 ㎡，不同小微公共空间的空间界面形态、视觉范围内展现的建筑细部，甚至街灯、座椅、水池、艺术品等均不尽相同，一处一景，一步一景。具体调研数据如表2-27所示。

表 2-27　案例 27 调研数据整理

场地名称	空间特征	描述
成都远洋太古里商业区小微广场	建筑性质	商业、餐饮
	面积规模	20 ㎡至 3575 ㎡
	当日天气	20~22 ℃，略微阴天
	观测时间	2017 年 6 月 20 日 周二 13:30—15:00
	空间场景	
	平面简图及三维图示	
	空间要素	雨遮、街灯、座椅、树木、水池、艺术品、标识、街头商亭、地面铺装、小型绿植种植槽
	活动内容	拍照、休息、乘凉、聊天、修整植物
	通行人数	不同的小微公共空间人数不同，且未定向计数

资料来源：空间场景照片为笔者自摄。平面简图在郝琳的《未来的传统——成都远洋太古里的都市与建筑设计》（建筑学报，2016（5）：43-47）基础上笔者进行重绘。

2.3.5 "口"围合型

案例 28 鹿特丹剧院广场

位于鹿特丹市中心的剧院广场同样由 West8 事务所设计。场地紧邻步行商业区及鹿特丹市政剧院、音乐厅和电影中心。广场以 0.35 m 的高差略高于周围地面，形成小型城市公共生活舞台效果。场所最醒目的除了周围夸张的现代建筑就是四座似港口起重机的液压传动灯杆件。高达 35 m 的巨构体量形成对该区域的视觉控制，这四座灯杆件可灵活调节高低，有一定活动范围，满足不同时间段及不同空间场景的灯光使用要求，增加了人与景观构筑物的积极互动。广场的平面布局是基于不同时段可能出现的活动及其光照需求。那些可以照射到阳光的地坪由多种不同材料拼贴而成，广场通过不同材质的铺设和街道家具的摆放形成明确功能分区。西侧为由环氧树脂材料组成的地面坪，长长的木质座椅被安放于橡胶和木质地板上。广场中央则为穿孔钢板平台及由适合儿童使用的安全木质玩耍设施区域构成的活动场地。具体调研数据如表 2-28 所示。

表 2-28　案例 28 调研信息整理

场地名称	空间特征	描述
鹿特丹剧院广场	建筑性质	文化、娱乐、商业
	面积规模	面积 10 700 ㎡，可分为三个 3566.67 ㎡的区域
	当日天气	6~14°C，大雨到小雨，南风
	观测时间	2018 年 4 月 4 日 周三 15:45—17:15
	空间场景	
	平面简图及三维图示	
	空间要素	长椅、绿地、种植槽、创意坐凳、穿孔钢板平台、木质玩耍设施区域、似港口起重机的红色液压传动灯杆件
	活动内容	聚会、聊天、家庭活动、遛弯、遛狗、休息
	通行人数	19 人 /30 分钟

资料来源：空间场景照片为笔者自摄。平面简图和三维图示为笔者根据谷歌地图、OpenStreetMap 和实测调研自绘。

案例 29　圣安东尼 - 琼奥利弗图书馆内部公共空间

圣安东尼 - 琼奥利弗图书馆（Biblioteca Sant Antoni-Joan Oliver），位于巴塞罗那 Carrer del Comte Borrell 街区，落成于 2007 年，内部庭院面积约 1000 ㎡。2005 年由 Pro Eixample 公司赞助举办公开设计竞赛，RCR 建筑事务所拔得头筹。该图书馆将街道的公共属性延续至原本封闭的庭院，通过建筑底层架空，在街区尺度实现了公共空间的贯穿，从而模糊了建筑、街道及内庭三者之间的边界。紧邻户外庭院的老年人活动中心配合绿植天井，将自然元素渗透到建筑内部，在局部强化了空间的模糊性表达。具体调研数据如表 2-29 所示。

表 2-29　案例 29 调研数据整理

场地名称	空间特征	描述
圣安东尼 - 琼奥利弗图书馆内部公共空间	建筑性质	文化（图书馆）、居住
	面积规模	31.4×27.8+13.8×9.1=998.5（㎡）
	当日天气	10~21 ℃，少云 / 局部多云
	观测时间	2018 年 1 月 8 日 周一（假日）15:45—17:15
	空间场景	
	平面简图及三维图示	
	空间描述	居民穿过建筑底层通道便可抵达内院的公共空间，儿童娱乐设施丰富，有可供父母休息的座椅，老年人活动中心保证了该空间人群的多样性。D/H 为 1.39 至 1.76，有轻微压迫感。黑色的图书馆同周边以黄、白、浅绿为主色调的居住建筑形成视觉冲击，但底层界面的室外灰空间非常宜人，是孩子们的最爱
	空间要素	历史工业厂址遗留的高大烟囱、两片小区域垂直绿化、儿童娱乐设施、座椅、长椅、沙地、硬质铺地、建筑室外廊下空间
	活动内容	玩耍、乘凉、休息、观看、聊天
	通行人数	30 人 /30 分钟

资料来源：空间场景照片为笔者自摄。平面简图和三维图示为笔者根据谷歌地图、OpenStreetMap 和实测调研自绘。

案例 30　巴塞尔神经伤残康复医院内部庭院

建于 2002 年的巴塞尔神经伤残康复医院（REHAB Basel）由赫尔佐格和德梅隆设计，占地 23 000 m²。双层的水平建筑体量被多个内院打破，每个内院都有不同的景观主题，让病人充分享受室外空间是其最大考虑因素。作为一家高度专业化的机构，医院坚持认为患者应在生活质量良好的环境中获得最佳治疗与指导。成功康复的各种治疗要求是一项特殊挑战，建造适当的设施不是唯一必要因素，对建筑的功能安排也至关重要。赫尔佐格和德梅隆对这具有挑战性的要求进行了设计回应，突显对功能和细节的充分关注[1]。具体调研数据如表 2-30 所示。

表 2-30　案例 30 调研数据整理

场地名称	空间特征	描述
巴塞尔神经伤残康复医院内部庭院	建筑性质	医疗
	面积规模	一共有四个内部小庭院，面积分别为 160 m²、179 m²、307 m² 和 463 m²
	当日天气	5~15°，局部有阵雨
	观测时间	2018 年 10 月 23 日 周二 14:03—16:00
	空间场景	
	平面简图及三维图示	
	空间描述	三种木材的使用，结合局部通透玻璃幕墙和彩色窗帘，给人温暖舒适的家的感觉。调研恰逢秋季，落叶的暖黄又增加一分温情，原木窗格栅形成统一的立面效果，D/H 为 0.74 至 2.84
	空间要素	长椅、树木、木桌、水池、高台
	活动内容	餐饮、休闲、聊天
	通行人数	20 人 /30 分钟

资料来源：空间场景照片为笔者自摄。平面简图和三维图示为笔者根据谷歌地图、OpenStreetMap、文献资料和实测调研自绘。

---

[1] 医院官网的建筑板块专题介绍 Architecture[DB/OL]. REHAB 官网，2018-09-16[2022-07-22]. https://www.rehab.ch/en/discover-rehab-basel/architecture.html.

案例 31　柏林哈克集市内部小微公共庭院空间

　　柏林哈克集市内部空间变化丰富，层次多，每处院落基本都呈现 U 围合的空间关系。虽然两侧建筑高达 5 至 6 层，但场所空间并未有明显的压迫感，得益于围合建筑淡雅的色彩、底层商业建筑的过渡空间界面以及小微尺度绿色环境的生态营造，弱化了两侧建筑的视觉压迫。即便是最小一处庭院也综合了水池、造型迥异的树木、座椅和夜景照明设施。重要节点处的小微公共空间内部还设置了舒缓的慢行路径、中央景观水池、围合休息座椅，以及历史人物纪念雕塑。其内部空间还可连接店铺入口。空间层次丰富，尺度紧凑，自成一体。不同庭院个性迥异，有以优美绿化环境制胜，有以精妙铁艺设计吸引视线，有的则简单朴素。具体调研数据如表 2-31 所示。

表 2-31　案例 31 调研数据整理

场地名称	空间特征	描述
柏林哈克集市内部小微公共庭院空间	建筑性质	商业
	面积规模	1260 ㎡ 至 4260 ㎡
	当日天气	11~30 ℃，晴
	观测时间	2018 年 9 月 22 日 周六 15:00—16:30
	空间场景	
	平面简图及三维图示	
	空间要素	绿化、座椅、绿廊、铺装、雕塑、垃圾桶、水池、照明、标识牌
	活动内容	聊天、散步、休息、等候、购物
	通行人数	40 人 /30 分钟

资料来源：空间场景照片为笔者自摄。平面简图和三维图示根据谷歌地图、OpenStreetMap 和实测调研自绘。

案例 32　马德里罗马坟墓之路遗址公园

罗马坟墓之路遗址公园（MUHBA Via Sepulcral Romana）位于马德里典型街区内部，项目由巴塞罗那设计事务所 BCQ Arquitectura 完成，该项目的出发点是旧广场（Placa Vila de Madrid）在马德里城区公共开放空间系统中的特殊作用。该设计着眼振兴广场，使其成为城市步行系统的有机组成部分，尊重其在街道和广场周围结构中的个性，并充分展示罗马墓地考古遗址。大部分现有树木被保留，草坪表面缓缓向下倾斜至地下遗址高度。红褐色生锈钢板随季节和时令变化，呈现出截然不同的面貌。广场四面同周围建筑有以下几种不同的应对方式：有直接通过玻璃栏板简单应对；有布置简易座椅围绕周边，形成界面缓冲；主入口开阔草坪设计形成视觉冲击，弧形围墙有效引导人群进入场地。空间四个树池基面设计均向遗址方向呈聚拢态，整体形态自然流畅。具体调研数据如表 2-32 所示。

表 2-32　案例 32 调研数据整理

场地名称	空间特征	描述
马德里罗马坟墓之路遗址公园	建筑性质	居住、商业、餐饮
	面积规模	4450 m²
	当日天气	4~12 ℃，小雨
	观测时间	2018 年 1 月 6 日 周六 14:10—16:20
	空间场景	
	平面简图及三维图示	
	空间要素	绿化、座椅、铺装、垃圾桶、夜间照明、遗址展览馆、下沉坡道、古遗址、生锈钢板、树池
	活动内容	导览讲解、穿行、睡觉、茶歇、购物、拍照
	通行人数	40 人 /30 分钟

资料来源：空间场景照片为笔者自摄，左上角照片来自事务所官网 http://bcq.es/portfolio/placa-vila-de-madrid/。平面简图和三维图示根据谷歌地图、OpenStreetMap 和实测调研自绘。

案例33　马德里德斯科斯停车广场

马德里德斯科斯停车广场整体呈椭圆形，位于建筑群中央，空间最明显的特质是统一的条纹地面铺装给予场所独特的秩序性和协调感。在广场中央设置的小型喷水池几乎全天保持喷水状态，夜晚结合灯光设计更加突出，灯光色彩和周围城市环境协调，并未采用十分醒目的高饱和度颜色。广场四边道路全部为人行步道，禁止车辆通行，形成安全步行氛围，受到市民喜爱。夜晚两侧的餐厅布置室外用餐区域，在广场末端还会定期开展商品展示活动、社区活动等。具体调研数据如表2-33所示。

表2-33　案例33调研数据整理

场地名称	空间特征	描述
马德里德斯科斯停车广场	建筑性质	办公、居住
	面积规模	3800 m²
	当日天气	−5~2 ℃，小雨
	观测时间	2018年1月1日周一（假日）17:15—18:45
	空间场景	
	平面简图及三维图示	
	空间要素	绿化、座椅、夜景照明、喷泉、室外餐椅、临时活动展台、自行车停车位
	活动内容	穿行、餐饮、散步、玩耍嬉闹
	通行人数	18人/30分钟

资料来源：空间场景照片为笔者自摄，左上角照片来自 http://brutdeluxe.com/?work=plaza-de-la-luna-madrid&category=arquitectura。平面简图和三维图示为笔者根据谷歌地图、OpenStreetMap和实测调研自绘。

案例 34　香港百子里公园

　　百子里公园位于香港中环结志街与三家里内的一条掘头路平台街道，是孙中山历史迹径的一部分。辅仁文社隐喻百子里，义士会聚，遂成辛亥革命之源起。[1]2011 年，百子里变身为城市开放公园，保留原树木和石墙古井，循原地貌，设亭、坡道式回廊，即历史展览回廊及史迹步道等，彰显百多年前辛亥革命之摇篮。设立的轻触式 LED 屏幕类似书简符号，字体镂空，从木褐色底中突显出来，像石碑拓片一样，白色字体成为图，木褐色竖版成为底，用以展示革命历史资料。由历史资料展览屏幕组成的仿古特色亭架仿效 1900 年初中上环区的旧民房意象，尺度符合人体比例。"书简"的竖向部分继续拓展，横向水平延伸形成雕塑、座椅、书桌，且桌椅同每一片"书简"成整数倍关系。通过褐色木板的翻折形成可供人休息的座椅，增加了空间使用的丰富性，鼓励人群停留。小微公共空间本身的历史背景和情感底蕴使该处小微公共空间体验具有一层情感滤镜，空间本身的设计操作和细节组织也围绕这一核心主题展开，突显和传达这一历史记忆以让人准确把握成为项目核心。具体调研数据如表 2-34 所示。

表 2-34　案例 34 调研数据整理

场地名称	空间特征	描述
香港百子里公园	建筑性质	居住
	面积规模	1580 ㎡
	空间场景	
	平面简图及三维图示	
	空间要素	特色亭架、LED 展示屏幕、夜景照明、绿池、石材铺装、木板、座椅、雕塑、保留树木、导览标识

资料来源：空间场景照片来自 https://architizer.com/projects/pak-tsz-lane-park/。平面简图和剖面图示根据 https://architizer.com/projects/pak-tsz-lane-park/ 改绘。

---

[1] 百子里公园，香港，Gravity Green[EB/OL]. 谷德设计网，2013-09-26 [2022-07-22]. https://www.gooood.cn/pak-tsz-lane-park.htm.

案例 35　成都西村大院社区竹林小间

西村大院位于贝森北路，为东西长 237 m、南北长 178 m 的完整街廓，四面临街，住宅环绕，社区成熟，用地性质为社区体育服务用地。[1] 被包围在方形场地中央的小微公共空间的"细腻"同整个建筑的粗野主义风格形成鲜明对比。景观采用"满院竹"，以竹子这种成都平原农耕文化和市井生活的代表性本土植物，充分呈现大院闲适安逸的气质。点缀布置各种"竹林小间"，以竹串联行走路径，以墙造园，实现大空间的细小分割，并分别以沙土地、鹅卵石、红砂石为基底，配以不同的竹种，形成情态各异的"院中院"。竹下小型空间室内功能室外化，成为建筑使用功能的延展和补充，形成竹伞覆盖的竹林茶馆、竹林办公室与竹林教室等。环绕于内环中心带的是大小各异、竹种不同的五处竹林广场，竹林广场外缘为环绕的水渠，水渠之外是建筑挑廊下的休闲平台，作为建筑底层与内院空间的连接过渡。具体调研数据如表 2-35 所示。

表 2-35　案例 35 调研数据整理

场地名称	空间特征	描述
成都西村大院社区竹林小间	建筑性质	居住、商业、办公
	面积规模	50 ㎡ 至 210 ㎡
	当日天气	20~22 ℃，略阴
	观测时间	2017 年 6 月 20 日 周二 10:30—12:00
	空间场景及平面简图	
	空间要素	竹林、顶灯、地灯、座椅、木质座板、砖材围墙
	活动内容	聊天、休息、吃午餐、锻炼、乘凉
	通行人数	13 人 /30 分钟

资料来源：空间场景照片为笔者自摄。平面简图根据 https://www.gooood.cn/west-village-basis-yard-by-jiakun-architects.htm 重绘。

---

[1] 西村·贝森大院，成都／家琨建筑设计事务所 [EB/OL]. 谷德设计网，2016-03-03[2022-07-22]. https://www.gooood.cn/west-village-basis-yard-by-jiakun-a rchitects.htm.

2.4　案例启示

2.4.1　可达性——空间整合和城市系统化

现代主义曾一度认为交通效率是城市空间的首要塑造者，由中心交通主干道构成的线形城市成为现代主义标志。由街道组成的运动空间形成毗连的网络或连续体，包括从建筑中观、微观尺度的内部交通系统到整个城市宏观的交通系统。这一点充分体现在瑞士洛桑和苏黎世的公共空间规划中，与城市轨道交通密切相关的小型公园和广场可达性良好，且靠近居住区，如巴塞尔某街区公园同街道的自然连通（图2-4）。英国伦敦的低线公园（Low Line）计划则是借助既有铁路轨道下部空间，有机串联人们的生活场景，分解大空间的核心作用到各处小场所和微地点。

城市小微公共空间格局涉及公共空间配置及其肌理，反映空间各要素与城市语境的关系，是物质公共空间构成的总体呈现。常依托城市交通系统、城市中心区、水体长廊、线形街道等形成结构框架，为公共空间多样性提供有利条件。每处空间均具备自己的特质与故事、风格与氛围，这些迥异的风格氛围在一定程度上也激发了不同情感。

图2-4　巴塞尔某街区公园同街道的自然连通
（资料来源：笔者自摄）

2.4.2 安全感——完整连续的建筑界面空间形态

安全感是众多调研案例特点的突出共性。清晰可见的建筑立面边界、密实协调的实体边缘限定小微公共空间界面。几乎所有案例的贴线率均达到了60%，围合的建筑或其他实体空间完整贴合。统一、连贯的街道和建筑空间形态得益于其在体量、尺度上的相近性和围合关系。这种具有领域感和安全感的公共空间围合限定形式易得到人们的普遍认同，尤其是建筑贴附类、街道衍生类更需要风格统一、连续排列的两侧建筑带来空间框定感和延续感，如柏林工业大学邻近学生食堂的小微公共空间（图2-5）。此外，构建具有归属感和安全感的社区微型公共空间能够提高社区居民的幸福感，甚至促使居民主动自发维护其中的公共设施。

图 2-5 柏林工业大学邻近学生食堂的小微公共空间
（资料来源：笔者自摄）

2.4.3 视觉吸引——艺术性设置激发视觉兴奋

对于一些没有什么明显特征、历史文脉，甚至本身处于衰败状态的场地，植入强烈的色彩线条区块、艺术装置和视觉对比是低成本激活空间的主要方法，且被证实为是行之有效的手段。如佰筑设计工作室就曾在上海、成都、圣地亚哥等地的公共空间设计项目中喷涂高亮度和高饱和度的色彩，摆放造型各异的几何体装置，这一方法尤其吸引低龄使用者，如儿童、青少年等，为城市带来生机与活力（图2-6）。限定了空间分区布局的设施配置和艺术元素考虑了市民的多层次需求（图2-7），提升了空间的艺术氛围，也创造了更多活动可能。制造同周边建筑环境的冲突、对比能够激发人们或短暂或持久的视觉兴奋与好奇感。

图 2-6　佰筑设计工作室四川绵阳像素地项目　　　　　图 2-7　里斯本某城市广场圣诞气氛装置
（资料来源：https://100architects.com/project/　　　　（资料来源：笔者自摄）
pixeland/）

2.4.4　近人尺度——街道家具平衡空间私密性与公共性

纵观所有的实地调研项目，每个小微公共空间中设置的街道家具在凝聚人气、承担空间活动等方面都具有重要作用。城市家具具有平衡私密性与公共性的特殊功能，并通过其营造的空间私密与公共平衡属性推动公共活动的繁荣。在空间结构特征相似的前提下，设置更多城市家具的广场能够形成多样驻留型的公共空间。街道家具因其独特的空间塑造和行为激活能力，成为构建日常性公共逻辑必不可少的空间秘密主角。露天售卖区、小型广场、公共艺术展示区、水景、廊架、露天座椅等，为日常交往、休闲、公共集会、商业集市等活动提供了亲切、自由的空间。

2.4.5　自然亲和——点缀在空间中的自然元素

自然亲和一是来自空间中的植物选取、植物形态搭配和随季节变化的色彩差异，甚至植物与景观小品的结合设置。对植物的正确利用和合理布局，能够增加园林景观的丰富性。可以利用植物的高低错落形成视觉上的起伏变化，也可以利用类型尺度的不同引发植物的多维特性。对颜色、形体、触觉、气味等需要根据方案要求的特殊气氛、环境和空间结构进行调整，进而引发人们的情感交流。二是来自木材在空间中的大量使用，不仅体现在街道家具多搭配木板，还体现在设施的用材也多是天然形态的树干，充分展现出结构搭接方式。剔除多余粉饰，而保留木材原色纹理的儿童设施，相较于在国内较为常见的饱和度高、颜色搭配略显凌乱的，以金属、塑料和钢材为主的儿童设施，在安全和触感舒适性等方面都更胜一筹。

小微公共空间研究的
相关理论基础

本章从小微公共空间在日常城市实践中的活跃性入手，挖掘其概念背后的社会学基础和在此实践过程中设计作品展现出的情感内核和对人的广泛关注。然后聚焦于情感化设计的核心词"情感"，展开对这一抽象概念的理论成果的梳理，在对普适情感研究形成基本认知的前提下，回归到环境、空间、城市和建筑语境，整理情绪地理学、环境心理学和建筑现象学等对人、空间（物、场所）、情感三者关系的解读，并在基本观念上达成共识，将人与空间环境视为一个整体。理论基础的分析呈现从单因素转向多因素综合的趋势，人本身就是多元复杂的生物，由人衍生出来的情感体验也必然是复杂的。所以本书无法只借鉴或沿用一种理论方法，而是针对不同的空间元素特征属性选择差异化的视角和方法，以全面解析小微公共空间的情感内核。

3.1 小微公共空间在日常城市实践中的活跃性

小微公共空间脱胎于公共空间概念，其来源不可避免地引发了社会和城市实践中有关它的广泛话题及多学科讨论，从建筑师背景的犬吠工作室围绕"微公共空间"（micro public space）装置和"宠物建筑"（pet architecture）的探索，到如火如荼开展多年的车位微公园临时性景观设计尝试，再到上海、广州等地的社区微更新创新实践。尽管研究方法、实践行为、参与主体和机构都不尽相同，但它们均聚焦于微场所的环境塑造，对日常生活和非正规城市空间的探索研究，频繁出现于城市缝隙的空间实践与建造形态中，给平淡的城市街道景象增添了无限的活力和有趣的感官体验。小微公共空间相关研究著作和实践发展脉络如图 3-1 所示。

小微公共空间作为一种社会现象涉及建筑学、设计学、心理学、哲学等综合背景下的多元思考。传统意义上的建筑实践从地域文脉、空间造型、生活记忆中找寻营造微空间的设计来源；开放性的展品和构筑物设计则更为灵活自由，一些临时性实践关注的问题更为微观和纯粹，进行的情感探索更直观；不同专业背景视角下解决问题的方式方法提供了对空间体验的多维解析，突破了专业认知的局限，提升了研究思路的全面性。

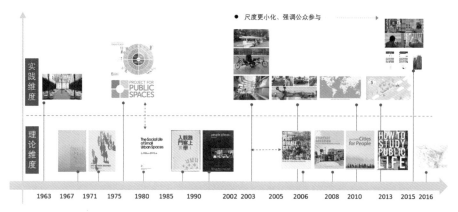

实践维度

理论维度

1963 1967 1971 1975 1980 1985 1990 2002 2003 2005 2006 2008 2010 2013 2015 2016

图 3-1 小微公共空间相关研究著作和实践发展脉络

（资料来源：笔者自绘）

3.1.1 犬吠工作室微公共空间探索

2006 年日本犬吠工作室（Atelier Bow-Wow）在其著作《后泡沫城市的汪工坊》中将事务所的 Kiosk 便利店、公共厨房运作、白色小巴饮食摊、家具自行车、漫画囊、宠物建筑（间艺廊、纯痴屋、TAS）、超大折纸拱（橘和白）及摇摆欢唱等几个艺术展览项目和非建筑设计案例总结归纳为"微公共空间"（图 3-2），并提出一个极具颠覆性和抽象的定义："空间内人的姿势与因为其呈现上的调整所产生的就是微公共空间"[1]。

"各种姿势的人、人的聚集出现或消失的物件"对于小微公共空间的确定而言正如固定材料使用的辅助工具"治具"（中文译为轴）一样重要。被宽泛定义后的"轴"代表支持人的行为举止，将人置于空间中特定位置的最低限选择。通过小型家具和非封闭式的公共空间创造新的城市行为模式，激发空间使用者的参与意识和个体的身体体验，建构人在空间中的姿态分布而非仅关注项目建构本身。如家具自行车的"自行车"部分和添加后的"桌椅构件"是该微公共空间的轴（图 3-3），又如摇摆欢唱的"绿色气球团"成为凝聚周边街区居民的轴（图 3-4）。

---

[1]Atelier Bow-Wow. 后泡沫城市的汪工坊 [M]. 林建华，译 . 台北：田园城市文化事业有限公司，2012：172.

3 小微公共空间研究的相关理论基础 ┃ **085**

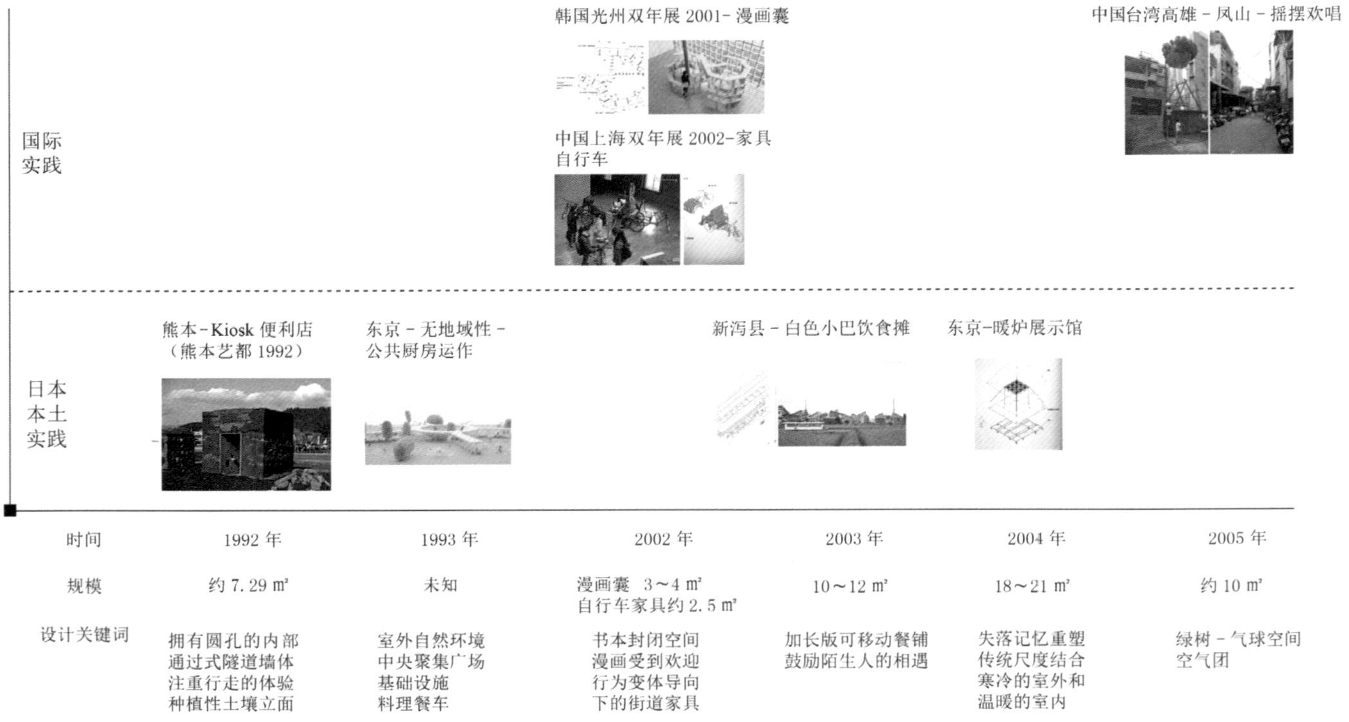

图 3-2　《后泡沫城市的汪工坊》书中列举的"微公共空间"实例

（资料来源：笔者根据日本大夹大吹工作室官网图片和《后泡沫城市的汪工坊》书中内容进行整理自绘）

国际实践
- 韩国光州双年展 2001-漫画囊
- 中国上海双年展 2002-家具
- 中国台湾高雄-凤山-摇摆欢唱

日本本土实践
- 熊本-Kiosk 便利店（熊本艺都 1992）
- 东京-无地域性-公共厨房运作
- 新泻县-白色小巴饮食摊
- 东京-暖炉展示馆
- 绿树-气球空间

时间	1992 年	1993 年	2002 年	2003 年	2004 年	2005 年
规模	约 7.29 m²	未知	漫画囊 3~4 m² 自行车家具约 2.5 m²	10~12 m²	18~21 m²	约 10 m²
设计关键词	拥有圆孔的内部 通过式隧道媒体 注重行走的体验 种植性土壤立面	室外自然环境 中央聚集广场 基础设施 料理餐车	书本封闭空间 漫画受列欢迎 行为变体导向 下的街道家具	加长版可移动餐铺 鼓励陌生人的相遇	失落记忆重塑 传统尺度结合 寒冷的室外和 温暖的室内	空气球团

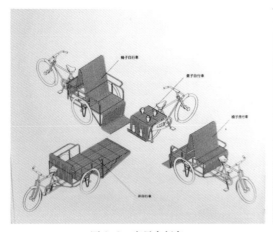

图3-3 家具自行车
（资料来源：《后泡沫城市的汪工坊》）

图3-4 绿色气球团
（资料来源：《后泡沫城市的汪工坊》）

在城市实践领域犬吠工作室还积极探索如何在都市中将公共与私密、全球化与本地化连接起来，尝试借由与基础设施的深度接续来重塑都市生活趣味，营造室外与室内相同的便利与舒适。2004年六本木之丘森美术馆展品之一的"暖炉展示馆"将传统民居中围坐暖炉记忆场景放大到城市空间尺度，成为寒风凛冽的冬日室外环境中一处充满温情的休闲和相聚场所，室内的"暖"和"红"也映衬出人们心中的感动与喜悦。九宫格暖炉桌（1 m×3 m×3 =9 ㎡）拼合确定屋顶架构，底层是传统榻榻米单元模数。两种传统的历史文化元素交叠在一起，打造了城市中充满温情的微公共空间一角。

犬吠工作室营造微公共空间的手法主要有二：一是将一个基本模块延长、重复；二是将不同功能属性组件拼叠和转译。充分利用和综合考虑场地自然环境特征、人文背景、历史要素和身体行为模式。犬吠工作室的微公共空间探索来源于对各种社会现象深入观察后的建筑学探索，通过清晰的操作手法和图式呈现直击问题的根源，其百变的个性形态可灵活适应各类场所条件，具有推广性和普遍性。

3.1.2 "停车位改造日"活动

2005年由美国雷巴尔（Rebar）设计事务所发起一场社会活动——停车位改造日活动（图3-5）。由树、长椅、草皮等基本要素原型构成了旧金山最小尺度的公共开放空间类型，形成街道及社区环境中的一种嵌入式节点。通过恰当植入人性尺度的

图 3-5　Rebar 停车位改造实景——首个停车位改造日活动现场

（资料来源：http://the.conversation.com/a-day-for-
turning-parking-spaces-into-pop-up-parks-65164）

功能单元助推既有环境的活力提升：鼓励步行交通，丰富街道活动，塑造社区特色。

停车位改造日活动影响巨大，甚至衍生出一种半永久性和功能更复杂的新公园类型——车位微公园。2013 年旧金山《车位微公园手册》（*Parklet Manual*）1.0 版本问世，此后在北美多座城市加入《车位微公园手册》的编制、实践和设计热潮中（表 3-1），可见其良好的推广性以及广阔的市场和时代需求。《车位微公园手册》明确规定了此种微公园类型的基本构成要素及市政基础设施的必备尺寸要求，建构了一套包含临街建筑业主、市长办公室、规划局、市政交通局和公共事务局等部门搭建的合作平台，保证每座建成的微公园都能符合安全、实用、美观的标准。[1] 在车位微公园沿着自下而上的公众参与之路继续越走越远的同时，停车位改造日活动也在世界各地普遍开花：非政府组织、自行车骑行爱好者协会、建筑师、设计师、环境保护机构、书局商铺、非机动车社区策划者、政府议员等都被吸引到该项目中，且每年参与的城市和合作组织范围都在扩大。

通过实践发现，小尺度公共空间涉及对空间要素的细节把控、五觉感知的核心元素的强调，还涉及前后期的申请、管理和维护问题，是一种囊括了自上而下和自下而上的综合设计体系。

---

[1] 赵建彤 . 权宜之计？——旧金山"车位微公园计划"解读 [J]. 城市设计，2016（5）：84-97.

表 3-1 北美九座城市《车位微公园手册》设计要素列表（▲表示具有该项目）

城市	旧金山	费城	温哥华	西雅图	洛杉矶	纽约	文森特	拉克鲁斯	明尼阿波利斯
版本时间	2013、2015	2016	2016	2017	2014、2017	2014	2014	2015	2016
绿化		▲		▲		▲	▲		
休闲座椅	▲		▲	▲	▲	▲			▲
标识牌	▲	▲		▲	▲	▲	▲		▲
桌子	▲		▲	▲	▲	▲		▲	▲
甲板	▲	▲	▲	▲	▲			▲	
种植箱体	▲		▲	▲	▲				▲
长凳	▲		▲	▲	▲				
自行车停靠位	▲		▲		▲				▲
照明				▲	▲		▲		▲
平台	▲		▲	▲	▲	▲			
标准安全装置	▲	▲			▲	▲			
围挡/边界	▲	▲	▲		▲	▲			▲
柔性防撞围栏	▲					▲	▲		
停车限位档	▲		▲	▲	▲	▲	▲	▲	▲
艺术和玩耍装置			▲	▲					
其他	2013 年 1.0 版本; 2015 年 2.0 版本				咖啡馆室外座椅都可以作为人行道的延伸，提升街道活力				涉及社区组织及地面层（一层）商铺所有者的积极参与

资料来源：笔者根据各城市《车位微公园手册》设计要素内容整理。

通过分析小微公共空间在社会和城市实践中的活跃性可知，小微公共空间自身的独特性已呈现出来。当前的研究成果也基本反映出小微公共空间的内涵和特质，但尚缺乏以基本核心内涵价值为依托的特质结构分析，缺乏对现有成果的系统梳理，缺乏针对小微公共空间这一新概念的理论层面价值体系建构。

3.2 从未停息的抽象现象探索——普适的情感研究

研究学者对由人产生的情感、情绪变化以及更大范围的精神和心理变化的探索从未停息：从情感与情绪等概念词汇的辨析及内在含义的微妙差异，到质性、量化角度的情感概念解构以及上百种科学思辨方法的提出，情感以其多元的风格面貌和变化姿态吸引着人们不断探索与思考。

3.2.1 情感与情绪的概念辨析

1. 情感

情感（affective）在韦氏在线（Merriam-Webster Online）中的解释为：除了身体变化之外的一种有意识的主观方面的情绪感觉；也是一组可观测到的主观体验情绪表现集合；是人们对客观世界的感受与体验，或是对外界刺激的肯定与否定，所以情感不单指喜怒哀乐，所有涉及人们心理活动的对事物的态度都属情感范畴。现代心理学认为，情感是人们认知与行为之间的联结纽带和中枢。名词"affective"来源于动词"affect"，该动词有"影响、作用、关系、牵动和波及"之意，可见情感是受外界影响的主观心理变化和回应，是人类所持有的一种态度，是人类精神生命中的主体力量。葡萄牙神经科学家安东尼奥·达马西奥（Antonio Damasio）将情感分为两类，即原发性情感（与生俱来的）和继发性情感（在更高级别的认知过程中产生的）。也有学者（欧静 等，2015）将情感拆解为"情"和"感"两部分，"情"侧重主观层面体验，有情怀、情思、情意之意；"感"侧重生理层面的唤醒，有感觉、感知、感触之意[1]。

2. 情绪

情绪（emotion）在韦氏在线中则被解释为：意识的情感表征。它是一种感觉的状态和有意识的心理反应，是由某种外在的刺激或内在的身体状况作用于有机体所引起的，具有独特的主观体验性，是种明显的机体变化和生理唤醒状态。"emotion"

---

[1] 欧静，赵江洪 . 多维情感 - 动作与产品形态的交互设计研究 [J]. 包装工程，2015，36（18）：49-53.

来自拉丁文"emovere"，可拆解为"e-motion"，前缀"e"展现出一种向外趋势，"motion（move）"则有"行动、冲动和运动"之意。两词合并的直观含义是从一个地方移动到另一个地方，后来逐渐被引申为"扰动、活动、感动、激动、使人兴奋"等意思。近代心理学确立之后，情绪被威廉·詹姆斯（William James）描述为个人精神状态所发生的一系列变化过程。情绪是人对环境的初级反应，情绪体验是自然或人为环境知觉的基本组成。

其他从"情"衍生的词，如情境、情节、情态、意境、意蕴、物境等也出现在景观和建筑相关专业的实践探索用词中，体现了广泛的、抽象的精神层面心理追求。

3. 两者区别

从上述解释中我们发现，情绪和情感存在差别，但又相互依存、不可分离。互为解释彼此的关键要素。笔者认为情感与情绪都是人对客观事物所持的态度体验，情感是更核心的情绪提炼。情感的定义更偏重思想层面、生理变化和外在表达以及行为中的感觉状态。

3.2.2 基本情感论和维度情感论

1. 基本情感论——离散点情感

基本情感论（也称情感范畴论）理论认为人类的全部情感种类是由有限数的特定脑神经活动模式决定并表现为不同的外在形式，呈现为几种基本情感。[1] 达尔文（Darwin，1872）最早开展该领域研究，在他的《人与动物情绪的表达》（*The Expression of the Emotions in Man and Animals*）一书中对情绪的描述和分析是依据多种分类进行的。持这种观点的学者认为每种基本情感都有自己特定的脑神经活动模式，伴随基本情感产生的还有生理唤起、外部表现和主观体验，因此基本情感都是离散的。目前，恐惧、悲伤、愤怒、高兴四种情感作为人类基本情感得到了普遍认可。

---

[1] 吴丽敏. 文化古镇旅游地居民"情感 - 行为"特征及其形成肌理——以同里为例 [D]. 南京: 南京师范大学，2015.

2. 维度情感论——连续维度认知

维度情感论主要利用低维度的欧式空间向量法来解释和描述情感，为后续情感的定量化测度提供了恰当的描述方法。欧氏空间中的每一个几何向量都是其坐标轴基向量的线性组合，人类所有的情感状态均可分布于这个有限维的欧式空间中，构成一个连续性情感网络空间。每一个坐标轴代表情感的一个特定维度值，不同种类的情感只是在情感空间中的位置不同而已。

对维度情感论的探索经历了从一维、二维到三维的不断完善拓展的过程，先后出现了几个重要的关键模型，如罗素（Russell）的"效价和唤醒度"经典二维模型。情感的维度是情感在其固有属性基础上用一根实线数轴度量其变化。正性和负性是任何情感都具有的属性，情感发生时，在数轴正负性方向上不同的情感有不同取值，因此正负是情感的其中一个维度表征，二维空间模型正是在此基础上提出强弱两级的观念，情感的正负属性及强弱属性，也是人们对客观世界定量描述的基本方式。从跨出情感一维认知到基于因子分析方法的二维证据的出现，再到正、负情感量表的制定和修编，逐渐衍生出在信度、效度和鉴别能力上得到显著改善的正负情感量表（PANAS）（图3-6）。

威廉·冯特（Wilhelm Wundt）应用内省法研究情感主观体验，最早提出情感三维说：快乐维度，即愉快和不愉快轴（pleasure-displeasure）；冲动维度，即兴奋-沉静或激活-睡眠轴（excitement-inhibition）；程度维度，即紧张-松弛轴（tension-relaxation），每个维度幅度都存在两种强弱变化状态。此外还有施洛斯贝格（Harold Schlosberg，又译为施洛伯格）研发的倒圆锥三维结构以及普鲁奇克（R. Plutchik，又译为普拉特切克）基于生物学情感进化理论基础深化形成的抛物锥形情感空间模型。

三维模型还有美国心理学家奥斯古德（Osgood）提出的评价（evaluation）、力度（potency）、活跃性（activity）模型，罗素和梅拉比安（Mehrabian）基于该模型的思路，将情绪三维说模型修订为愉悦维度、激活维度和优势维度，即PAD情感模型，该模型也是目前人工智能领域广泛使用的情感空间模型（图3-7）。P为代表情感愉悦维度pleasure的简写，表征个体情感体验的正负性特征；A为代表情感激活

正负情感量表

这个量表由许多描述不同感受和情绪的单词组成。阅读每一项，然后在单词旁边的空白处标出适当的答案。说明到什么程度[在这里插入适当的时间说明]。 用下面的量表将帮助你记录答案。

1	2	3	4
轻微或完全没有	少量	适度	相当多的

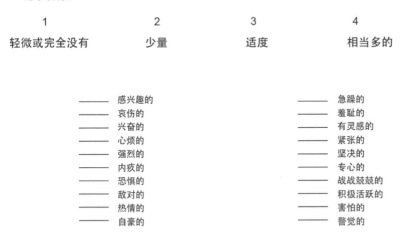

—— 感兴趣的
—— 哀伤的
—— 兴奋的
—— 心烦的
—— 强烈的
—— 内疚的
—— 恐惧的
—— 敌对的
—— 热情的
—— 自豪的

—— 急躁的
—— 羞耻的
—— 有灵感的
—— 紧张的
—— 坚决的
—— 专心的
—— 战战兢兢的
—— 积极活跃的
—— 害怕的
—— 警觉的

图 3-6 正负情感量表

（资料来源：重绘参考 Norman M Bradburn. The Structure of Psychological Well-Being. Chicago: Aldine, 1969）

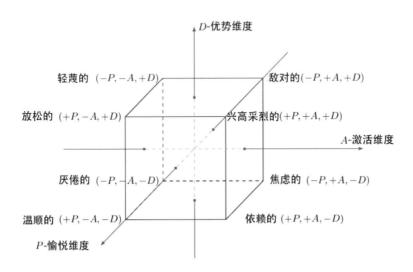

图 3-7 情感空间模型

（资料来源：Agata Koakowska, Agnieszka Landowska, Mariusz Szwoch, et al. Modeling Emotions for Affect-aware Applications in the Information Systems Development and Applications. Faculty of Management University of Gdansk, 2015: 55-67）

维度 arousal 的简写；D 则是代表情感优势维度 dominance 的简写。三者分别涉及心理心率指标、生理指标和神经活动，优势状态与劣势状态，构建起情感的立体化感知。

围绕维度情感论出现了诸如自我评估人像模型（self assessment manikin，简称 SAM）、EmojiGrid（情感表情网格）和 PrEmo 情感测量工具等使用抽象、具象人像表情和表情符号的情感量化呈现方式。

自我评估人像模型 SAM 可快速测定个体情感状态。SAM 由一个连续的 9 点等级量表以及 10 个代替唤醒度（arousal）和效价度（valence）维度的人物图示形象组成，SAM 量表如图 3-8 所示，受试者通过笔纸勾选特定等级和图像符号进行情绪评定。另外两种是在 SAM 量表基础上扩展出的基于日本无线通信视觉情感符号——绘文字（Emoji 表情）的 EmojiGrid 情感表情网格（图 3-9）和同时展示表情与身体动作的 PrEmo 情感测量工具（图 3-10），它们已经被应用于车辆、手机设计等产品对人情感影响的测度研究中，且克服了 SAM 方法的复杂和不便阅读等问题。EmojiGrid 量表方式呈现的情感外显方式更为全面，也更便于理解，图像较立体且形象，X、Y 轴分别代表效价度和唤醒度。该方法也被证明是可以清晰测度人类情感的方法，适用于不同年龄和教育水平的人群，且可以和李克特量表有机结合，实现每一种情感的数据转译。

上述种种讨论围绕情感自身的生成和量度研究展开，将一个难以量化的概念进行分步拆解和认识。虽然大部分研究考虑的情感刺激因素和来源比较广泛，有图片、视频和实体物品等，但这些成果可以帮助和指导后续有关识别空间作用下的情感化设计、量化分析工作以及情感图示化研究。

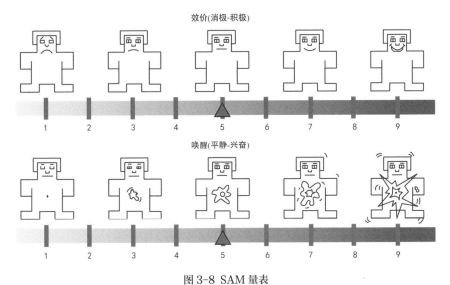

图3-8 SAM量表

（资料来源：Albert Mehrabian. Basic Dimensions for a General Psychological Theory: Implications for Personality, Social, Environmental, and Developmental Studies. Cambridge: Oelgeschlager, Gnn & Hain, 1980）

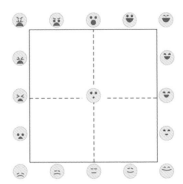

图3-9　EmojiGrid情感表情网格

（资料来源：重绘参考 Alexander Toet and Jan B F van Erp. The EmojiGrid as a Tool to Assess Experienced and Perceived Emotions. Psych, 2019（1）: 469–481）

图3-10　PrEmo情感测量工具

（资料来源：Swetlana Gutjar, Cees de Graaf, Valesca Kooijman, et al. The Role of Emotions in Food Choice and Liking. Food Research International, 2015, 76）

3.3 "空间与情感"——从宏观到微观的多元理论解读

3.3.1 情绪地理学——研究地理空间、人、情绪三者的关系

情绪地理学的主要任务是揭示环境、空间、社会等情境下蕴藏着怎样的内在感知、体验以及形成机理，关注各种表征如何捕获和表达情感，以及其表征模式是如何动员、生产以及塑造情感的[1]。情绪地理学理论的基础前提为作为个体的人和群体的人在不同特性场所下的行为活动及经历体验差异性，并由此引发差异情绪体验。反过来它对场所产生作用，形成了迥异独特的宏观环境尺度层面情绪格局。情绪地理学与社会科学的相关研究对"人与地"情感连接的概念化定义主要体现为人文地理学中的"地方感"（sense of place）和环境心理学中的"地方依恋"（place attachment）。情绪地理学关注人、情绪与场所三者之间的相互关系和影响模式，侧重对人类行为与活动空间进行理论探索。情绪地理学的关注对象都较为宏观，其研究关注的是打造与形成某一片区或城市整体的情绪分布情况。关注情绪空间格局作用原理机制，建成环境对情绪的影响效应以及情绪对空间场所的激活效应，甚至作用于特定使用人群的情感空间特性。情绪地理学所指的空间更偏向场所和区域尺度，也杂糅了很多文化、历史的时代背景对一个地区的综合影响。

3.3.2 环境心理学——侧重人的行为与物理环境的互动机制

作为心理学重要细分方向，环境心理学是一门研究个体行为与其所处环境、环境与心理等相互关系的学科，既有心理学的特征，也有环境学的特点。该学科主要采用心理学专属分析方法揭示人类活动、经验与其社会化环境，以及物理环境各方面条件因素的相互影响，明确各环境背景条件下人们心理的产生和变化规律，把人类的行为（包括经验、行动）与其相应的环境（包括物质的、社会的和文化的）两者之间的关系与相互作用结合起来进行分析。将客观物理环境、人类行为和心理经

---

[1] 蹇嘉，甄峰，席广亮，等.西方情绪地理学研究进展与启示[J].世界地理研究，2016，25（2）：123-136.

验看作一个有机整体进行研究，主要观点包括互动论、有机论和交互论。环境心理学主张基于日常生活的环境研究，特别是在建筑学、城市设计和城市规划领域。

环境心理学层面的情感观侧重情感外在行为的表现形式，将情感作为表现出来的行为并对其进行观察。[1]心理学和认知科学认为情感是人类智能的重要组成部分，是主体适应生存的心理工具，也是各种心理活动的组织者和人际交流的重要手段。认为情感对人的感知评估、决定行为以及社交活动等诸多方面的影响至关重要，将人类情感的研究成果引入城市公共空间领域并逐渐将情感发展成为新的研究热点。基于环境心理学理论提出的"场所"强调人在环境中的情感、行为和感知，侧重内在心理力度对人们行为活动的吸引和支持。无条件、无场所的行为是不存在的，必须以一定的环境场所为依托，各种人在这里进行着不同的活动，扮演着不同角色，同时赋予场所不同的意义。

3.3.3 建筑学语境下的空间情感营造实践关注与思考

在多数情况下对情绪、情感的作用和重要性研究都同建筑话语和建筑学背景有关，特别是对场所感和场所意义的追求。长久以来，建筑师都是追求作品的深刻思想、空间气场、内核精神和至美性与情感性的先锋实践者，这种广泛赋予思想厚度、精髓的体系来源于宗教、哲学、科学以及经济、政治、文化等的多元交叉反应，通过外在的建筑空间体量、细部推敲、比例构思和内部精巧的室内环境设计得以最终实现。[2]以建筑师的设计思想自述或个案作品分析的方式存在，结合设计主题进行特定情感氛围营造，以引导人们在空间形态下产生某种情感。情感也普遍存在于有特殊情感需求的建筑类型中。

建筑的本质并非真空中的永恒形式，也非可持续技术的载体，更非平面媒体上供人消费的秀色，建筑的真谛在于人的情绪与周围环境的和谐。建筑作为艺术的最

[1] 郭景萍. 试析作为"主观社会现实"的情感——一种社会学的新阐释 [J]. 社会科学研究，2007（3）：95-100.
[2] 徐虹. 公共建筑室内环境综合感知及行为影响研究 [D]. 天津：天津大学，2017.

高形式，除了自身形态呈现的美感，还有其虚体空间带给人们的意境，建筑师对空间氛围的把控和设计要素与个人经历、观察和生活息息相关。

　　建筑学情感营造的成果多来源于丰富的设计实践，并被不断升华和完善。这些震撼人心、传承至今的经典设计作品多为教堂、博物馆、纪念馆、图书馆等特殊功能的公共建筑，但也有日常平凡的居住类建筑。不同作品或以阳光下洞口形式的灵动塑造，积极唤醒人们记忆深处的感同身受和视觉美学的形式操控，如拉维莱特修道院内景（图 3-11）；又或以一个触感温暖、尺度舒适的门把手 [如米拉公寓门把手设计（图 3-12）] 以及凝固在混凝土表层的叶片 [如维特拉家具会议中心庭院嵌入混凝土围墙的樱花叶片（图 3-13）] 等多种意想不到的方式进行情感营造。建筑师对情感的理解多围绕具体使用人群、特定地域风貌、历史和记忆展开，通过对习惯、风俗、记忆、生活本身、材料、历史场景的营造等方式呈现。这些情感特质与当下追求视觉冲击和轰动效应的先锋地标建筑形成了鲜明的对比。[1]

图 3-11　拉维莱特修道院洞口形式塑造
（资料来源：笔者自摄）

图 3-12　米拉公寓门把手设计
（资料来源：笔者自摄）

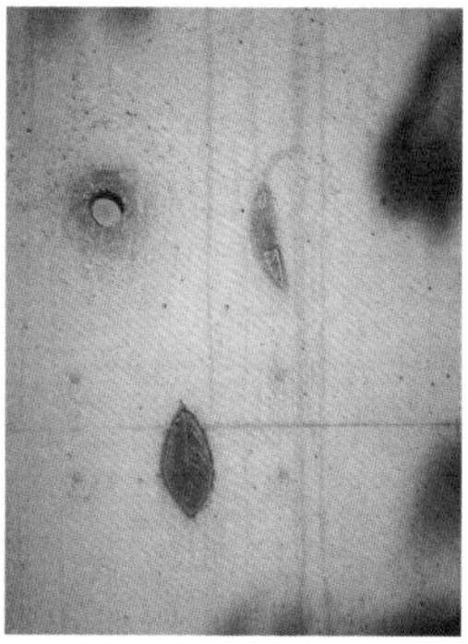

图 3-13　维特拉家具会议中心庭院嵌入混凝土围墙的樱花叶片
（资料来源：笔者自摄）

---

[1] 王勤 . 日常生活情感建筑理论及在老年建筑循证设计中的应用 [J]. 建筑学报，2016（10）：108-113.

勒·柯布西耶（Le Corbusier）设计的朗香教堂，内部空间着意创造变化，追求窗口小洞投射的光感效果（图 3-14）。运用特殊的建筑形态表达了宗教建筑神圣静谧的情感特征，当唱诗班吟诵圣灵福音时，声音与光线包裹着聆听者的身心。建筑是一种艺术，也是一种情感体现，柯布认为最基本的几何形体，如立方体、圆锥、球体、金字塔等，所表现的形象是明确、可触碰和精准的。由于简洁的造型可以带给我们的眼睛以几何形象的安适感，在此基础上通过系统变形，可以唤起主观情感。阿尔瓦·阿尔托（Alvar Aalto）认为现代建筑的最新课题是使用合理的方法突破技术范畴进入人情和心理领域。

以赫尔佐格和德梅隆、斯蒂文·霍尔（Steven Holl）、彼得·卒姆托（Peter Zumthor）等为代表的建筑师，都曾试图通过引发自身的各种体验，挖掘形式、空间和材料的潜在力量。[1] 专注主体在建筑空间感知中的核心作用，利用光、声音等为空间与人提供新的可能性，如 Het Oosten Pavilion 内部空间（图 3-15）。卒姆托认为所有的设计工作都发端于建筑空间及其材料的使用，"……用具象的方式去体验建筑，就是要通过触觉、视觉、听觉、嗅觉去感知它，建筑师应当发现这些特性并

图 3-14　朗香教堂内部空间
（资料来源：笔者自摄）

图 3-15　Het Oosten Pavilion 内部空间
（资料来源：笔者自摄）

[1] 王辉. 现象的意义——现象学与当代建筑设计思维 [J]. 建筑学报, 2018（1）: 74-79.

[2] 卒姆托. 思考建筑 [M]. 张宇, 译. 北京: 中国建筑工业出版社, 2010: 66.

有意识地应用在设计中……"[2] [如 Bruder-Klaus Kapelle 教堂内部（图 3-16）和科隆美术馆内部遗址展示空间（图 3-17）]，同时对于单纯视觉意义上的形式美特征，也给予新的审视。

国内的新锐建筑师如蒋蔚、何劲、魏娜等也都曾宣称其设计主导思想中情感是首要考虑因素。这些探索在某种程度上都是对现象学所强调的内在意义追寻的回应，希望走出抽象与概念的僵局，回到具体的事物本身，通过主客体的相互作用重新找寻建筑本来的意义。无论在实践领域还是在理论探索方面，都存在着对情感营造孜孜不倦的尝试以及通过各种手段实现高阶的建筑空间效果同抽象心理意境的结合。

图 3-16 Bruder-Klaus
　　Kapelle 教堂内部
　（资料来源：笔者自摄）

图 3-17　科隆美术馆内部遗址展示空间
　　（资料来源：笔者自摄）

3.3.4　建筑现象学——来源现象哲学的身体在场体验

彼得·卒姆托说过："作为一个建筑师，人们与对象和物体的互动，正是我经常要面对和处理的，实际上，这正是唤起我激情之所在。"

建筑现象学强调建筑首先是一种多知觉的体验，一种在最佳状态下会让人们整个身体和大脑的接纳能力都被激活的东西。围绕场地中人与事物关系这一主题是建筑现象学关注的重点，强调使用者对建筑真实的知觉、感受和体验，空间的情感是通过体验而产生的。[1] 对建筑的体验不仅来源于视觉呈现的轮廓，更重要的是通过感觉来唤起内心的情感记忆。

卒姆托对氛围的理解拓展了现象学在建筑领域的应用。他认为氛围是一切：是事物本身、人群、空气、光线、喧嚣、声响、色彩、材料、纹理以及美得让人心动的形式[2]，除了这些有形的材料，除了这些物和人之外，还有与人的心绪、感受和期待相关的东西。人对氛围的感知来自空间与环境的关系、空间相互间的关系、空间规模、平面形状、剖面姿态（屋顶、墙面、地面的倾斜）、结构的隐没与凸显、空间中的光与影、材料的质感、建造方式及与人的身体密切相关的建筑细部，以及家具等，它们共同塑造了空间氛围，如柏林一些教堂内部光影（图 3-18 至图 3-20）。氛围在英语中的对应词是"atmosphere"，之于空间来说，是空间给人的某种情感，人是被动接受的，建筑师于空间中预设的每一处设计都在传达某些可以被感知、找寻和联想的东西。"Atmosphere"多来自对物体客观属性的认识。而"atmosphere"在德语中的对应词"stimmung"则更多关注个体感受，带有情绪，也包含主观感觉的情感意味，更多来自人内心的自我抒发，偏向触景生情带来的共鸣感。从个体出发，最后都将落回到不同个体的共性，而共性又与记忆、历史、类型、原型有关联。

[1] 冯琳 . 知觉现象学透镜下"建筑 - 身体"的在场研究 [D]. 天津：天津大学，2013.
[2] 卒姆托 . 建筑氛围 [M]. 张宇，译 . 北京：中国建筑工业出版社，2010：11.

图 3-18　柏林的 Evangelischen
Kirche 教堂内部光影

（资料来源：笔者自摄）

图 3-19　柏林的 Gedenkkirche
Plötzensee 教堂内部光影

（资料来源：笔者自摄）

图 3-20　柏林的 Gustav Adolf Kirche 教堂内部光影

（资料来源：笔者自摄）

3.4 以"感性工学"为代表的产品情感化设计探索

3.4.1 情感化设计

设计本质上是一种信息传播，让使用者完整接收发出方的信息是成功的关键。为了能更好地被使用者接纳，设计除要符合社会发展规律外还要挖掘当代人的心理情感和价值观念，有效触及并打动受众。情感化设计的哲学依据就是人存在的根本意义。美好生活包含丰富的层次，物质和精神需要都倾向安逸、愉悦或轻松，这种心理需求来自人的本性。在物质需要得到极大满足、品位得到提升的当下，人们对心理精神层面的追求提高了。

情感化设计首次出现在美国心理学家唐纳德·诺曼（Donald A. Norman）的《情感化设计》一书中，标志着情感化设计研究从幕后走向台前。从心理学角度分析产品设计中的情感表达方式，从而实现产品造型和实用性的完美结合，为后续大量设计案例奠定了坚实的理论基础。情感化设计目标包括产品形态的情感化、产品特性的情感化以及操作的情感化，涵盖了人体工程学、设计心理学、美学、经济学和统计学等诸多学科领域。

虽然对情感化设计没有明确的定义，但笔者认为情感化设计就是从情感角度介入设计全过程，主要体现在如何通过情感层级拆解、营造情感和植入情感的方式达到优秀设计目的的过程。基于以用户为中心的设计理论及实践方法，了解用户使用习惯，并通过调查方法得出改良点与出错点，建立符合用户心理的设计模型，从而提炼情感寄托点并应用到实际设计操作中。

同情感化设计相生相伴的另外两个概念是情感计算及情感量化，三者在工业设计领域、计算机领域频繁出现，这些概念都以情感为核心描述对象。操作目标针对设计层面，侧重情感属性的质性及量化表达。工业产品设计领域的情感化设计则充分结合使用者对产品自身完备功能的期许，结合特定使用场景、使用者的即刻诉求、情感规律和心理类型，探索产品的物理形态、功能属性、形状色彩、组成材料等核心要素并进行有机编组和合理调配。若将这种核心要素的合理调配对应到空间中则涉及的要素更为多样和繁杂。

3.4.2　感性工学

从空间的整体体验到细微元素的接触式感知，凡是同五感体验相关者都能对情感产生影响。细微的物品设计通过密切的使用感受触及心理情感，感性工学是较早关注感觉的量化研究领域，以工程学、机械学和设计学为基础。

感性是人们获得的某种印象和认识心理活动，例如对事物的感受能力，包含对未知的、多义的、不明确的信息从直觉到判断的过程。[1] 运用工程研究方法（定性推理和定量分析结合）建立人与物之间的逻辑对应，探讨人的感性、喜好与物品设计特性的关系，寻找出感性量与工学各物理量之间的高元函数关系，作为工程研究基础。对艺术设计的风格分析、界面设计、物质与非物质的产品设计评价等提出指导性量化支持，并最终将评价分析结果和数理关系模拟数据转化为具体可感的形态设计构成要素，反映人的使用喜好倾向。

以感性工学为代表的情感化设计和量化研究最早出现于工业设计领域，尤其是汽车设计领域，并逐渐拓展到日用品、室内设计、视听产品、广告、包装、服装（某具体服饰面料色彩的美感评价）、家具设计（关注形态元素）、电子产品、电器、汽车和电动车等领域。

情感化设计在建筑领域被应用于灾后过渡性住宅、老年人公寓和斜坡地形住宅空间，并逐渐过渡到工作空间、公共空间家具设计、图书馆、开放景观、公共休闲空间景观等。但这些研究尚未系统梳理情感化设计理论在城市空间设计中的具体体现或明确理论内核，借鉴的理论层次较浅，尚未深入透彻解析情感化设计在本能、使用和反思层面的具体表现形式。当前城市小微公共空间情感化设计面临的关键问题，主要有两点：①借鉴情感化设计理论和研究思路，构建小微公共空间设计语境下的系统性理论体系以及结合小微公共空间概念内涵的情感化设计方法体系；②通过情感化设计理论内核指导小微公共空间的空间形态及非空间形态要素设计，并提出具有可操作性的、指导意义突出的小微公共空间控制策略导引。

---

[1] 陈鹏. 基于感性工学的手机造型优化设计 [D]. 沈阳：东北大学，2010.

小微公共空间情感化设计理论

本章梳理空间体验情感诉求层次、情感载体和情感人像特征等内容，建构理论层面的小微公共空间情感化设计基础理论框架。完成从产品情感化设计领域到小微公共空间设计领域的跨学科转译，分析和识别小微公共空间设计层面情感诉求及核心。产品设计领域三个情感层次面向的是一件具体可感的产品物件，尚且能够带来丰富的层层递进的使用感受，公共空间无论其规模或宏大或微小，承载的内容要素更为丰富，也具有从本能的步入空间的行为体验再到深刻的反思思考的递进深入逻辑。这种渐进关系的层层递推是借助公共空间自身具备的独特要素实现的，其中决定情感层面反应需求的不仅有空间形态要素的直接激活，还有非空间形态要素的间接预设，物质要素的表达又不可避免地受到非物质要素的影响和诱导。情感呈现和情感人像围绕空间中的作用主体"人"的行为模式及人群图像及情感诉求展开论述。

4.1 空间体验的情感诉求层次

在效率优先的城市发展阶段，规划设计思路往往侧重功能和生产等物质性构建，无暇顾及更高层次的精神追求，且空间情感需求涉及心理学、使用者的差异性等问题，本身就更加难以触碰。小微公共空间因具备小尺度、微设计和日常化等得天独厚的优势属性得以承载更多深入的空间行为可能，继而包含更广泛的体验、记忆和情感。空间体验的情感诉求是人与空间互动关系的深层体现。

4.1.1 产品情感化设计的建筑学转译

不同人群的行为对空间场所有不同的物质要求，同时还存在着不同的文化习俗普遍性要求以及个性体验的特殊性要求。[1] 人们对环境客体的发现、理解和利用总是遵循由表及里，由探索到体验，由偶然知觉到习惯性行为，并最终以共识和情感为认知基础，构建认知记忆库的发展过程。

---

[1] 陆绍明. 建筑体验——空间中的情节 [M]. 北京: 中国建筑工业出版社, 2018: 82.

最初，小微公共空间需满足人们室外休息、停留、集会等生产、生活基本要求，强调"外在价值"。随着人类社会的工业化进程不断推进，生产力得到极大提高，社会发展所必需的物质基础极度丰富，人们对于精神满足的追求越来越强烈。小微公共空间在保证人们基本使用需求的基础上，可以通过自身的精细化设计、人性化的附属功能满足人的心理和精神方面诉求，提升审美价值，促进社会公平和平等。这就同在工业设计领域对产品情感追求的现象类似，在满足必备的使用功能的基础上转向对更高精神水平的追求。

　　将产品三个情感体验层次转译到空间设计中有一定难度，将空间比作一件物品在尺度观念上也存在较大差距。相较于产品，人们对空间的使用倾向集中于关键性的一至两种，而不会有很多繁杂的诉求，这是在分析空间设计语境下的情感需求时发现的学科特殊性。产品情感化设计的小微公共空间设计语境转译如图 4-1 所示。

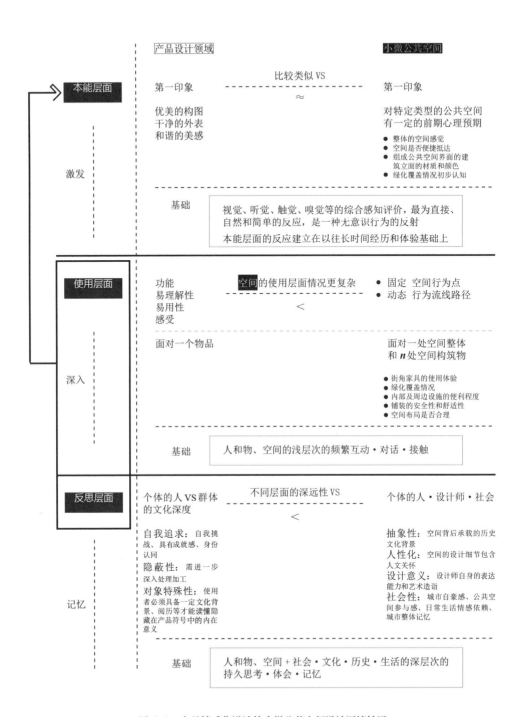

图 4-1　产品情感化设计的小微公共空间设计语境转译

（资料来源：笔者自绘）

4.1.2　本能层面情感诉求

本能层面情感诉求强调与五感的呼应关系，初始的第一印象。本能情感出现于意识之前，思维之前，是面对空间的直接对话。本能层次的设计原则是基于对人类先天感知的把握和识别，是对产品的第一印象和"一见钟情"的心理冲动，强调注视、触感和声音等生理特征的首次主导作用。例如，精致的食物外观激发人们由视觉到味蕾的颅内感知跨越，其中巧妙的摆盘、优美的构图、干净的外表及和谐的美感都是重要影响因素，又如苹果手表（iWatch）产品简洁高级的外观，产品各零件部分的比例关系以及清晰的按键操作方式。本能层面情感是物体直接呈现在使用者面前时人的第一反应。本能层面从产品领域到小微公共空间设计转译如图4-2所示。

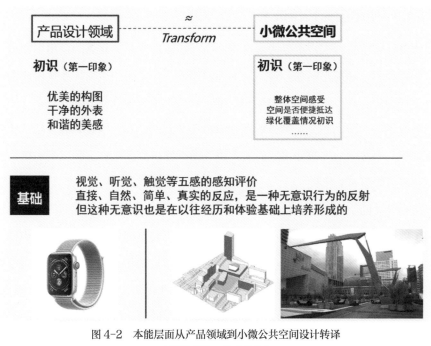

图4-2　本能层面从产品领域到小微公共空间设计转译

（资料来源：笔者自绘）

对空间的第一印象是人们想要进入场所一探究竟的冲动基础，是空间整体展现的颜色、材质、结构和搭配给人的印象，全面体现了五感的综合联通作用。简约独特的空间造型、和谐的色彩搭配、与周围环境或统一或冲突的风格样式，以及材质组合使用的高品质感等经过独特设计的视觉刺激可唤醒和愉悦人的神经系统，继而让人产生较好的审美体验，对一个空间产生第一印象。主要影响因素是公共空间界面的视觉形态造型设计，是特定物理形态的体现。空间的直观形态最能直接刺激人们的视觉感官，激发人们的空间思维和意识。比如荷兰鹿特丹市的剧院广场，转角处剧院建筑夸张的造型强烈吸引行人目光，广场上四座巨大的红色液压传动灯杆件构筑物也格外显著，激发人们深入场地体验的好奇心（图 4-2 右下）。

4.1.3 使用层面情感诉求

使用层面情感诉求最重要的是对"使用"的透彻解析。优秀的使用层面设计有四个必备要素：功能、易理解性、易用性和感受[1]。使用层次设计涉及用户跟产品交互过程中每个环节是否舒适和顺利，进一步加深用户与产品之间的联系，如苹果手表表盘界面的滑动感受、触碰敏感度等物理层面的体验，以及计时、运动健身、信息提醒、个性化功能等使用层面的人机互动。使用层面从产品领域到小微公共空间设计转译如图 4-3 所示。

精心设计的空间功能要与预期目标相符，空间功能包括整体层面的控制协调，也包括休闲设施提供的具体使用功能。产品的使用和空间的使用层面不尽相同，后者包含的内容层次更加丰富。产品包含复杂的反馈机制和交互系统，空间也应该适当实现人们体验的丰富度和互动性。从空间系统性角度讲，分布在不同位置（社区、街区内）的小微公共空间在功能分配上的侧重是不同的。而就每一处独立的公共空间自身来讲，单一的功能设定不能有效满足空间的整体使用要求，需要将精力放在一系列空间要素的整合操作上。

---

[1] 诺曼 . 设计心理学 3：情感化设计 [M]. 2 版 . 何笑梅，欧秋杏，译 . 北京：中信出版社，2015：58.

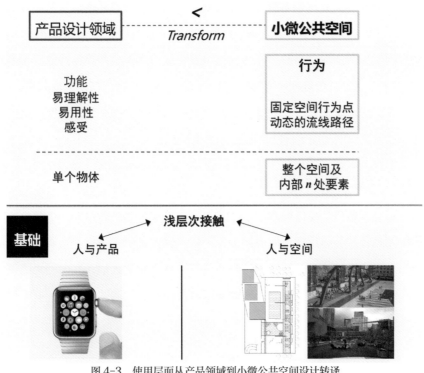

图4-3　使用层面从产品领域到小微公共空间设计转译

（资料来源：笔者自绘）

空间最重要的就是面向人们的行为体验，使用层面的情感诉求偏向于操作体验过程，让使用者在不经意间被设计牵引，通过行为的延伸达到情感的传递。产品的使用层面主要面向使用，通过一系列的操作过程，使得产品能够回应用户需求，实际就是通过开关、按键、旋钮等物理层面方式搭建人机交互过程。公共空间的使用层面包括连续动态的空间行为、具体静态的片段行为、与空间中具体构筑物的互动行为三个方面。三个方面都涉及空间使用感觉的舒适与否、步行过程中地面铺装的流畅和安全状态、空间中各个部分的整体衔接程度、与周围建筑的呼应关系。静态的片段行为方面保证行为发生的温度、触感等细节控制，物体尺度感、色彩、材质是否良好等，座椅的高度、触感，台阶的安全性，娱乐休闲设施的好用与否，以及人与场所互动的行为顺序、顺畅度影响着行为体验。

依旧以鹿特丹剧院广场为例，红色液压传动灯杆件构筑物后面是一排造型简约的长凳，在此处可以观察广场上开展的活动。广场基地略高出周围环境标高，限定出空间区域的同时又保持和城市空间的连通，可以从各个方向抵达，可达性良好。广场核心区域通过不同铺装方式形成不同活动区域，有的地方高起，有的地方凹陷，有的地方提供小型水池，有的地方则依托市剧院这一大型公共建筑摆放艺术装置吸引人群。另外一点是红色灯杆件构筑物既明确限定了广场边界，又承担夜间照明职能，横向杆件的灵活可调保证了不同场景下的灯光使用需求，提供承办大型活动时投射到场地的高远光源以及满足日常生活使用的低矮光源。

4.1.4　反思层面情感诉求

反思层面情感与产品传递的信息、文化、含义和用途息息相关。小微公共空间的反思层面相较产品的反思层面内涵更为丰富，因为人们会寄托于空间更多的历史文化追思，因此设计师常在构思空间时考虑很多抽象和宏大的人文内涵，或者是四两拨千斤地以一处微小的点睛之笔感动使用者，使其产生回味和联想。反思层面从产品领域到小微公共空间设计转译如图 4-4 所示。

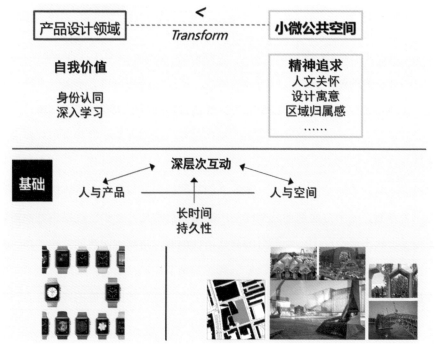

图 4-4　反思层面从产品领域到小微公共空间设计转译

（资料来源：笔者自绘，图片来自苹果官网、必应、West8 事务所官网和笔者自摄）

产品设计中的反思层面情感诉求和人们对产品能否恰如其分体现自身形象和有效彰显自身品位的认识有关。产品对于个人幸福的重要性可分为三个维度：有用性、愉悦性和正确性。斯沃琪手表（Swatch）就是通过手表的表面和表带等细节设计展现前卫的观念，加入创意、色彩、信息甚至艺术和喜剧效果。设计手法彰显个性，兼顾实用、美观和创意。苹果手表系列产品同样具有这样的特性，根据用户的经济水平、职业定位、人物个性匹配不同表带和表盘材质的组合样式，符合身份定位（图4-4 左下）。反思层面决定一个人对某件产品的整体印象，涉及感受它的魅力和使用体验，追溯以往回忆并对产品进行重新评估。

对应小微公共空间的反思层面情感诉求，具有两个维度：使用者参悟到设计者寄托于空间的历史、文化情感；后续讲述空间体验时回忆起脑海中留下的深刻印象，这种印象绝非停留在本能层面的理解而更多来自使用的体验和反思的铭记，是一种上升到内涵层面的高阶审美过程。

反思层面是由公共空间所处区域历史文脉蕴含的情感基调引发的思维和认知维度情感，也有公共空间自身的精细化设计带来的人文关怀触动以及超越使用层次的空间设计给人的感发，能够更持久地停留在记忆中。小微公共空间可以通过空间设计深刻地影响人们的体验，也可以借助场所依托的区域背景预设一定的氛围基础。深层次的反思层面情感互动，可以让使用者参与到作品创作过程中，有利于产生思想共鸣，形成情感依赖和链接，这也是情感化设计的关键目的所在。

鹿特丹剧院广场的反思层面情感体现在其整体夸张的艺术基调和同周围后现代主义建筑风格的相得益彰，同时也有低调内敛的一面。清晰的地面铺装带来明确的功能划分，满足市民通行、停留和玩耍等日常需求。液压传动装置意象也反映出鹿特丹这一欧洲港口城市的城市标签和开放、包容的城市性格。连通城市的其他名片，如鹿特丹中央火车站、立方体屋块、缤纷市场等标新立异的时代建筑，共同点缀城市风貌（图4-4 右下），给本地市民和游客留下深刻持久的印象。

4.2 小微公共空间的情感载体——情感影响要素构成

影响小微公共空间的情感载体可以分为具象和抽象两大类型。因激发和影响情感的机制不同，两种情感载体相辅相成，互相促进。具象的情感载体包括物质、具体的环境要素，甚至图像、映像等真实存在的物态形式，而抽象的情感载体形成于人类漫长的进化和生活中，是抽象的思想、记忆和想法的概括。不同的要素有的直接作用于情感，有的间接诱发情感，包含单一要素和多要素综合影响感知等复杂机制。

4.2.1 空间形态要素（显性要素）的直接作用——情感诱因

1. 小微公共空间的空间形态要素

李文（2007）曾指出，城市公共空间形态就是空间的外在表现形式，不仅指宏观背景下的城市公共空间分布特征，也包括微观尺度下的具体空间形体环境，甚至包括空间内各要素综合呈现的物质与精神双重属性。城市公共空间形态是三维空间形体环境的总括，除基于几何特征和美学评价的物质空间设计外，还包含基于社会生活及精神文明的社会秩序。

而本书研究的小微公共空间空间形态主要包括两个层面内容：其与限定空间的边界、决定其空间性质的周边建筑、街道空间的结构关系，以及空间场所内部各要素的种类、分布和组构逻辑。这些形态要素对情感激发产生直接的显性诱因作用，强调空间各形态要素之间彼此的关联性及内在秩序。

空间形态要素的阐释方式：按照小微公共空间的逻辑生成原则和包含内容进行阐述。围绕小微公共空间以及微观层面尺度进行空间要素分析与归纳可知，它们主要体现在物质构成要素（胡一可 等，2017；臧慧，2010）、建成环境要素（曹哲静 等，2019）、空间形态要素（吴玺，2013；叶宇 等，2019）、活力品质要素（周进 等，2003；李欣 等，2019；龙瀛 等，2016，2017；叶宇，2019）四个主要方面，能够帮助构建小微公共空间的空间形态要素情感影响指标体系。

通过文献整理发现绝大多数的指标体系按照一、二、三级依次递进，根据关注的研究对象（街道、广场、历史街区、居住区等）和研究目的（行为、感知和活力）的不同存在一定差异，但整体来说自然环境要素（包括植物种类、绿化相关各项指标、声音、阳光、天气和水体）是全部都考虑在内的共有要素，足见其重要地位；涉及空间围合界面的建筑风格、建筑尺度、连续协调性也广泛出现在各指标体系中；此外在服务半径、空间结构、指向标识等助力下的可达性与定向性也出现多次；还有部分学者关注空间的人性化关怀、无障碍设计以及管理维护层面的内容。我们需要认识到有些因素并不直接作用于情感，而只是对人的感知和感受产生影响，在后续的认知阶段就断掉了产生情感的可能性，或者同其他要素相比并不直接影响人们的情感反应。

关于城市形态的研究成果涉及宏观、中观和微观要素的多元全面性考虑，对情感感知有影响，且能够最终决定空间体验的要素还涉及影响的轻重程度和先后。建筑和城市空间塑造等艺术创造行为，本质是一种感性行为，通过物理上的造型来满足视觉上的欲望，正因为这些造型因素如此这般形成，它们的形象才更能直接触动人心。根据科学性、系统性、客观性、明晰性和实施性原则，筛选出自然环境要素、绿化水体设计要素、场地基面要素、街道家具要素和场地竖向面要素等。

必须承认每一项因素都有可能决定最终的情感反应，可对每一单项与情感的深入开展探讨，但是这样就会把问题导向无尽复杂的、无法建立公正客观的逻辑死胡同，过多掺杂主观认知和理解。本书只围绕其中几个主要指标层要素展开重点论述。

2. 自然环境要素

人本能地与自然之间存在着一种亲密关系，与自然和谐共存的状态始终伴随着对自然、对生命共同体的认同和体验。小微公共空间地处开放的外部自然环境中，尽管自然环境包含内容众多，但并非所有要素都会影响到情感的形成，其中气候环境、听觉环境和嗅觉环境则是普遍接受的对空间情感产生影响的三个重要要素。

自然环境要素的影响主要集中于对本能层面情感诉求的反馈。对自然环境的感知其实也是基于人类五感的细分应对，部分自然环境要素直接同五感感知相互作用，无法完全独立于也无法摆脱自然这一大背景。

（1）气候环境

天气会影响人们的情绪，与灰暗的雨天相比，人们在阳光充足的条件下会感到更愉悦。较低的湿度、中等强度光照、适当的大气压以及温度等同积极情绪产生相关。人们并不会因为一两次的天气状况心情欠佳，多数情况下是由天气引起的出行不便、服饰打湿等间接作用引起心情起伏变动。

光对于建筑，既是一种视觉意义上的"观看"，又是一种身体意义上的"沉浸"。光影的变化不仅勾勒了时空的形态和变化，还丰富了空间界面的复杂性和文化性，同时可以强化建筑与环境、要素与场景的共生关系。在建筑内部光影更容易结合结构、形体、材质、布局等形成丰富的变化，受到人为操作因素的影响成分较重。因为设计的原因，光影的变化有了厚度和广度。

（2）听觉环境

人们生活的城市环境和自然环境中囊括着无尽的声音信息和来源，声音以波的形式对耳膜产生触碰，通过脑内神经传递，被人们接收。外界微妙的声音环境信息，形成关于声音的听觉印象，如荷兰海牙市海边观景小微公共空间（图4-5），包含了海风声、骑行声以及草坡的浮动声等多种声音层次。人们需要适度的环境声音刺激，才能有效地工作、学习，继而形成对新事物的认识。人们在不同场所中对声环境的追求也不同，商业街区的小微公共空间不可避免受到嘈杂商业氛围的影响，居住社区内的休息游园系统能够保证适当的安静氛围。反之，强烈轰鸣的噪声，会使人难受、烦躁、抱怨。声环境影响人们敏感的听觉和耳部感知，也能直观显现出对空间的整体评判。不同场所对声环境的差异态度和场所本身的情感诉求相应对。

（3）嗅觉环境

嗅觉是五感中最容易被忽略的感觉类型。城市中的气味有时不单来源于自然环境、植物花草，更多情况下来自人工环境、食物，甚至是汽车尾气。神经生物学家戈登·谢菲尔德（Gordon Sheffield）曾指出，嗅觉涉及人脑中的很多区域，除记忆和情绪以外，还与语言等更高级的系统相联系。[1]美好的气味能够从嗅觉维度加深人们对场所的印象，提升空间品质的层次性，这种无形的气味颗粒通过空气的传播飘散在空间中甚至漫溢到城市周围。那些有着正面的积极的情感回忆的地方，往往自然而然地散发着温和的、清透的来自自然、植物甚至食物的气味，如巴塞罗那圣

---

[1] 封蓉，刘璐，马顿翔，等.气味景观 街道空间品质的一个维度[J].时代建筑，2017（6）：18-25.

卡特琳娜菜市场建筑贴附型小微公共空间（图4-6），包含了来自植物、美食和城市环境的混合气味，而一处飘浮着诡异的、混杂的和糟糕味道的地方则鲜有人停留。

图 4-5 荷兰海牙市海边观景小微公共空间　　　图 4-6 巴塞罗那圣卡特琳娜菜市场建筑贴附型小
（资料来源：笔者自摄）　　　　　　　　　微公共空间

（资料来源：笔者自摄）

3. 绿化水体设计要素

此处的绿化水体设计要素指经过人为修建布局规划于空间中的要素，而非天然的自然要素，否则同前一节的自然环境要素会有重叠。

（1）绿化设计要素

关于城市空间，尤其是城市绿地空间对健康的积极促进及疗愈功能近几年得到了学术界的广泛关注。小微公共空间中植物要素至关重要。植物利用形、色、香、影、声等意象元素，给人不同的感受。高密度区域中大型绿地是城市稀缺资源，小型绿地是与住所距离最为贴近的日常使用绿地，因而其恢复性价值尤为显著。诺德（Nordh）等（2009）对城市小型绿地（3000 ㎡以下）调研后认为，最小的公园也可能会产生很高的恢复性效果，恢复性效果的首要环境特征是面积。户外空间变得更绿、更自然，恢复性效果也更好。魏彦（2015）定性剖析了植物的人文情感，通过植物的自然形态和人工形态，植物的色彩搭配、种植形式、季节变化，以及精神层面的意境搭配进行情感营造。人们会寄托空间意象于植物，形成每个人、每个民族、每个文化系统的独特记忆。

（2）水体设计要素

水，独特的物理性质以及变化状态能为人们提供别样的视觉、触觉和听觉体验。自然的流动性、微气候的调节性，既满足生态效应，又能够有效吸引儿童，带给空间以活力和生机，加强人与环境的关联。如柏林世界公园独乐园的中央水池设计，受到了大众的喜爱，尤其深受儿童青睐（图4-7）；张唐景观设计事务所对水的形态可塑性和多变性有一定研究，充分展现了水的动态流动属性及波纹效果（图4-8）。

水在人类精神文化的形成发展中也占据着十分重要的位置，对城市滨水区和亲水空间的研究和认知由来已久。盛起（2009）从环境的层次性、中心标志物、结合亲水功能对滨河绿地合理分区等角度探讨营造亲水场所精神的方法，提炼出改造岸线、将水引进和迈入水中等亲水方式。王冀（2012）认为和谐统一、丰富多样、便捷可达、特征清晰的亲水空间有利于场所精神的塑造，要重视自然及人工要素的结合设计。水可以随着风和阳光呈现不同形体的动态变化，增添空间趣味。水自身的生态健康价值以及由此产生的空间带动效果，使其具有双重积极意义。

4. 场地基面要素

场地基面要素作为小微公共空间的重要底面背景，也深刻影响着人们在空间中的行走触感、流畅度和水平面的使用体验。承载活动的场地基面（水平）要素影响人们行走、静止、运动的脚部触感舒适度和可活动面大小的感知，而且要素的合理布局规划以及周围服务设施，对场地使用的影响也会作用于人们的体验。

5. 街道家具要素

街道家具、雕塑和文化小品等的分布、数量以及休息座椅的友好性设计直接影响人们对空间的情感评价。受感性工学启发，小微公共空间中街道家具的使用和体验，涉及工业设计、家具设计和人体工程学等情感化细节设计。聚焦于空间物质层面的微观材质、颜色和接触式使用，是最能体现人性化和人文素养的设计所在。如果说建筑的材质尚且仅停留在触摸层面，那么街道家具的材质则能够综合触觉、嗅觉和浸入式体验，包括身体力行地使用物件。除了使用的舒适性，另一个涉及精神和情感层面的则是家具、器具的友好性设计问题，是面向特定人群还是普通人群，是否排除部分使用者，是否能够满足不同行为者之间的和谐共融。

图 4-7　柏林世界公园独乐园水景
（资料来源：笔者自摄）

图 4-8　The Park "公园里"
（资料来源：张唐景观设计事务所官网．http://www.ztsla.com/project/show/33.html．）

6. 场地竖向面要素

小微公共空间的竖向面要素主要依据建筑的空间形态确定，通过影响视觉舒适感产生效用。建筑的形态、材质、颜色、风格的和谐统一，适当的对比冲突给人的感受有积极的，也有消极的。竖向面要素也可以包括依附在建筑立面上的垂直绿化。

（1）*D/H* 比例

小微公共空间的边界空间和角部区域对于有效停留活动的发生至关重要。蔡永洁将广场尺度分为基面尺寸和边围尺寸。已建成广场的普遍基面尺寸通常为 0.5 至 5 公顷。理想的空间效果是广场基面面积、基面比例以及边围高度三者之间的关系和谐。其认为理想的 *D/H* 比例应该为 1：1 至 3：1，这也是小微公共空间概念界定中狭义定义关于空间规模范围值参考的来源。徐磊青等曾围绕空间面积、高宽比与空间偏好进行研究，分别进行 25 m×25 m、50 m×50 m 和 75 m×75 m 基面的尺寸设定分析，研究发现当视角在 14°时是感受最一般的空间尺度，对使用者的环境刺激最低。空间偏好结果最高为竖向视角 9°时的广场类型。[1]三个尺寸当中，25 m×25 m 较另外两个尺寸在广场空间偏好与空间适宜度评价方面具有明显的优势。

---

[1] 徐磊青，刘宁，孙澄宇．广场尺度与空间品质——广场面积、高宽比与空间偏好和意象关系的虚拟研究 [J]．建筑学报，2012（2）：74-78．

（2）空间界面设计

空间界面包括天空顶视面、空间前后左右四个围合边界和承载空间的底层界面。多数情况下受到场地自身的开放程度和周边建筑性质的限制，无法形成强烈的围合感和尺度界面，但是可以通过对地面层铺装或建筑山墙图像绘制形成比较强烈的视觉冲击，间接影响贴附一侧的小微公共空间。也有通过设立一定高度的小型装置打破空旷的天空界面。垂直绿化在产生生态、遮阳等作用的同时，对建筑场地也能够形成强烈的视觉冲击和新奇点。肖宏（2004）研究了广场中石材的使用对营造敬畏、紧张、平稳、私密、欢快和动感等特质空间的作用和影响。材料的使用与想要达成的空间效果有关，有时并非是材料直接给人的感受，而是其空间背后特定的情感基调传递给了材料。

4.2.2 非空间形态要素（隐性要素）的间接作用——情感滤镜

分析情感就不得不提到其背后承载的社会历史大环境，所以小微公共空间也离不开背后的宏大社会历史要素。小微公共空间自身的社会属性决定对其情感的研究不能够忽视非物质的隐性影响方式，因为这些要素自身一方面直接作用于情感，另一方面也间接影响空间形态要素构成特征及具体的要素选取。

空间与人产生的情感对话不仅关乎设计，还关乎时间、地点以及回忆等与设计预设相关的多维因素。除需要对物质层面的功能、结构、色彩和技术要素进行理论分析外，还要对包含在设计过程中的精神层面进行系统研究。公共空间的可识别性、场地精神和记忆文脉会被奇妙、深刻地嵌入空间内在气质中。有的场地本身就存在着特定的文化记忆、历史事件、民族情结和群体生活基础，因此人们在迈入场地的那一刻起，就像佩戴上了一层浓厚的具有历史色彩的镜片，通过这种提前的情感预期植入和心理预设，在原有物质空间形态感知与体验基础上，增添了一种精神层面氛围。这种情感滤镜形成往往来自长期的积累沉淀和人们对使用行为习惯的普遍共识。

4.3 小微公共空间的情感人像——群体体验差异性

情感载体体现了小微公共空间具备的基本空间形态要素和非空间形态要素，是情感得以触发的根本，情感来源于人，则人就是情感最终的作用对象。不同的人群行为模式呈现了最直接、最生动的情感图景，空间因为有人的存在便从一幅静态画卷转化为了动态场景。

人的年龄、性别、文化背景的差异终究都会引发空间情感作用主体的体验差异。小微公共空间中有个体的人和群体的人（图4-9）。对群体差异性的分析研究是公共空间讨论无法绕开的主题。在此，笔者将围绕老年人、儿童、女性群体和特殊人群的情感体验诉求展开论述，侧重展示每种类型人群的情感层次展现方面。

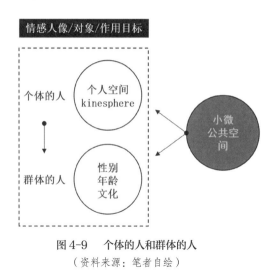

图4-9　个体的人和群体的人
（资料来源：笔者自绘）

4.3.1　老年人的情感诉求及空间体验侧重

老年人的行为特征和空间使用情感倾向主要受到其生理功能变化的影响。生理机能，尤其是自身知觉、感觉系统等各方面功能逐渐下降和衰退，神经系统、骨骼肌肉系统也日渐衰弱，伴随而来的是老年人对于整个城市的环境、技术等新兴事物的反馈、适应和接受能力都不断降低。此外，老年人的收入减少、社会地位下降，在家庭关系中的存在感和重要性也逐渐降低。同年轻一代作息时间差异明显、空闲时间较多，也易引发老年人心理上的孤独感。

他们渴望在身体条件允许的情况下尽可能多地走出去，接触更多同年龄段、相同境遇的老年人，以得到心灵上的满足，对自然环境、阳光、空气和鸟语花香等的渴望更加强烈。男性老年人倾向于在小微公共空间中聚集起来开展下棋、打牌、书法等智力趣味活动，以及遛鸟、散步等体力活动，与志同道合之人的切磋给他们带来了被需要感和群体认同。小微公共空间能提供充足的休闲座椅、可以遮阴避暑的舒适微气候的优势逐渐凸显，老年人需要的场地往往无须宏大，一处亭子规模的地块也许就足以让他们开心地享受一些室外活动。

对于老年人整体而言，反思层面的情感诉求意义较前两个层面更为突出，在小微公共空间得到心理慰藉对于他们的身心健康起到显著的积极效用，但反思层面情感诉求的发生需要借助本能和使用层面的物质条件做基础。便捷的可达性、优美的环境区域、安全的基础设施能够为开展更深层次的活动提供保障。老年人对小微公共空间的自然环境条件、座椅舒适度、视野开阔度、铺装行走舒适度要求更高，于空间中得到一种平和、安详、亲切的情感体验。低龄儿童欢乐的游戏场景，也带给他们生命的灵动和希望。

4.3.2 儿童情感诉求及空间体验侧重

儿童的行为特征和空间使用情感倾向主要受其生理功能的特点影响，强烈的好奇心、旺盛的精力和敏锐的感知系统让他们与小微公共空间发生着奇妙的化学反应。色彩、形状与声音是儿童空间设计不变的主题。

儿童需要借助小微公共空间提供的充足安全场地进行肢体活动和同其他玩伴交流接触，场地中软质地面铺装也有利于孩子们的人身安全。儿童很容易辨别简单的形状，对复杂的形状会出现认知偏差，对于接近自己身体尺度的物体，如玩具汽车、小型室外家具、小木屋、砖石构筑物、台阶等会格外关注[1]。儿童精力旺盛，活动量大，喜欢探索、观察和挑战新奇的事物，善于发现和利用空间中可以用来玩耍的物品。色彩和声音的加持，对于培养良好的视觉感知甚至审美能力都大有裨益，例如常见

---

[1] 雷洪强. 西北地区城市广场人性化空间设计——以银川人民广场设计为例 [D]. 西安: 西安建筑科技大学，2004.

的儿童活动场地大多采用木材和麻绳等原始天然材料进行搭建，给儿童一个天然的、友好的自然环境，如柏林蒂尔加藤公园内某处儿童活动场地（图4-10）；地面铺装也以简单沙土、砂石为主。

公共性的户外活动体验有利于培养儿童的集体认同感、归属

图4-10　柏林蒂尔加藤公园内某处儿童活动场地
（资料来源：笔者自摄）

感、道德感、合作精神等，有利于儿童树立自尊心、增强自信心、培养自立能力，激发他们的想象力和创造力。获得新的感受和刺激，也有利于儿童的积极成长。

对儿童来说他们尚且意识不到或者区分不出所谓的小微公共空间或者是大型公共空间的具体差别，他们更关注本能和使用层面的情感感受。好玩、能玩、一起玩就是他们对空间最深刻的印象和评价。空间设计不需要过分华丽夸张，但要符合他们的身体尺度、感知习惯和行为模式以及契合个人空间。

4.3.3　女性群体和特殊群体的情感诉求及空间体验侧重

对于性别差异造成的小微公共空间情感诉求，主要还是围绕女性人群展开研究，拥有美好色彩搭配的自然环境场景、舒适的座椅、可以放置随身物品的摆架、安全的夜间照明街道是保证女性在小微公共空间进行充分感知的前提。空间中的艺术装置、可拍照的"网红"场景设施也是吸引女性人群的关键。女性人群对细节以及对微小、可爱、自然的物品的喜爱也使得她们能更敏锐地发现和探索空间，能够更深入地同空间对话和互动，容易产生更持久的情感影响。本能和使用层面的情感诉求对于女性群体来说更为重要和突出。

而对于以残障人士、拾荒者等为代表的特殊群体，空间的非排他性、包容性和人文关怀等使用和反思层面的情感诉求则格外重要。他们作为城市中的一分子，同样有享受公共空间、参与到城市生活中的权利和诉求，如果空间预设性地设置一些干扰他们停留和使用的设施则会给他们带来被排斥感和心灵中伤。摄影师朱利叶斯 - 克里斯蒂安·施莱纳（Julius-Christian Schreiner）在 2018 年公布的"沉默的代理人"

（Silent agents）系列作品中呈现了众多城市公共空间的"非人性化细节"[1]，包括为阻止人们将自行车锁在街头电线杆而安置在电线杆底部的金属罩、为禁止人们翻越或坐于低矮水泥墙所安装的金属网等、为防止人们躺卧而在公共长椅中间安装的扶手（图4-11）。这些阻碍性或干预性设计让某些特定群体产生不舒适、被束缚和不愉快的感受，迫使他们无法久留，以达到驱逐和行为控制的目的。很多类似的设计大多以尖锐、粗糙、冰冷的形态呈现，如卡姆登长凳（图4-12）单纯从形态来看只是一个具有不同倾斜角度和凹凸面的水泥凳，向两边倾斜的凳面无法让人在其上平躺，水泥凳冬冷夏热，不宜久坐。

面对不同对象人群的精细化设计也是小微公共空间微设计层面展开的具体方面，应考虑如何满足不同人群特定情感需求，提供更人性化的服务。

图4-11　中间安装扶手的长椅
（资料来源：https://mp.weixin.qq.com/
s/3lP7mD6H9LliVgwbM7Gywg）

图4-12　卡姆登长凳
（资料来源：https://www.architectural-review.com）

---

[1] 越来越不友好的公共空间 [N/OL]. DEMO studio，2019-04-8[2022-07-22]. https://mp.weixin.qq.com/s/3lP7mD6H9LliVgwbM7Gywg.

小微公共空间情感化设计方法

本章在前述小微公共空间情感化设计理论研究基础上，根据小微公共空间在三种典型城市尺度样本下的内涵侧重、分布特征、使用模式，有针对性地回应情感化设计在本能、使用和反思层面的递进展开，凝练情感化设计导引。通过独立个体的小微公共空间与其所在城市特定区域的层级逻辑完成设计方法的体系构建，其中城市新区侧重系统性，历史街区侧重微设计，生活社区侧重日常化，分别映射小微公共空间五大内涵属性。三种典型尺度样本的确定，综合考虑了小微公共空间情感化设计理论和方法研究体系的合理性和实施性，又同点评开放数据抓取呈现出的空间分布特征和重点区域相呼应。

5.1　情感化设计方法体系构建思路

本章主要解决研究区域和构建针对不同尺度下不同层面情感诉求的量化手段两个问题。具体包含通过三种大数据类型辅助实现对研究区域的确定，又隐含行为观察的实证研究。量化方法是根据选定的样本区域实际情况确定具体应用场景和方法组合，情感人像不做特定对象的筛选，而是进行普适的随机抽取。

大数据抓取是一种新型研究方法，本章将使用它进行分析。借助海量的客观数据资源形成对空间的客观评价认知。人们普遍关注的空间重点不仅是针对大型公共空间，还是对所有户外空间需求的整体呈现。

5.2　情感化设计量化方法具体操作

具体量化工具主要针对本能、使用和反思层面的情感测度需求和来源方式，依赖于情感数据的获取，包括影响情感作用的空间物质层面的要素量化工具以及情感二维图像的呈现。

5.2.1　侧重于不同尺度层面小微公共空间特性的方法选取

尺度的差异不是决定选取何种研究方法的根本，而是小微公共空间在不同尺度城市空间下的结构关系、职能差异以及展现出来的内涵决定了方法使用的区别。

宏观尺度范围的城市新区规模较大，涉及上百公顷，小微公共空间这一小尺度、微尺度空间类型在大尺度城市样本下主要展现其系统属性的一面。本能层面侧重对空间体系、空间网络的整体感受，所以对该区域的宏观分布调控，体系思路构建就显得至关重要，而对具体每一处小微公共空间的使用和反思情感诉求进行了弱化处理。

中观尺度范围的历史街区，小微公共空间在其中主要承担了具体的空间体验职能。使用层面面向空间内部具体的要素，物质形态的指标构建就显得极为重要，方法的使用也借鉴了有关空间感知、空间体验、环境品质等文献中对具体指标选择和量表制作的研究，但是只筛选对空间使用产生影响的物质要素。

微观尺度范围的生活社区，侧重反思层面微视角下小微公共空间的行为观察，更偏向社会学探究，定量化的数理统计在此区域会失去一定的功效。需要借助深入社区每栋楼宇、每条生活街道和每处角落进行细致的场所排查、使用模式记录及对整个社区进行步行尺度丈量，找寻日常行为习惯和变化规律。

5.2.2 情感呈现方式的原始数据获取——空间行为观察法

空间行为观察法作为公共空间认知和原始资源的最初数据获取的方法是接下来研究的根本基础，而行为观察的重点是挖掘和读取人们常见的行为习惯及更喜欢聚集的场地，同时行为的丰富性也体现了人们对空间的积极介入改造意图。人们从空间中接收来自空间形态、色彩等方面的信息，产生舒适的心理感受，同时空间中的各种信息要素也包含了对行为的预设和引导，例如空间中家具的摆放位置、朝向、数量等对交谈行为的暗示，总体的行为线索构成一处处空间情境。宏观的行为观察相较于微观的面部表情识别更易获取，也能够保证情感呈现的原始数据获取。空间行为观察法包含 PSPL 研究思路方法，两者并不冲突，前者的范围更广，后者更聚焦于公共空间。

5.2.3 空间形态要素的宏观布局分析——空间句法

空间句法是一种分析空间形态的技术手段，以建筑和城市空间形态的内在结构及其组合逻辑关系为研究核心。应用计算软件进行量化解析，揭示隐藏于复杂建筑与城市表层形态背后的法则。再以此为基础，结合实证、统计分析手段，对建筑和城市空间行人的活动分布模式规律进行探讨。为空间整体分布认知形成的量化评价提供了较为普遍和准确的量化工具。

空间句法在研究小微公共空间的分布、可达性和视线通透性等量化研究方面具有重要作用。公共空间和道路的可达性影响人们使用的便捷度，继而影响人们的本能和使用层面的情感诉求。所以对公共空间可达性的识别和判定能够侧面验证人们情感的初级基本感知对空间的情感化设计产生影响。

5.2.4 情感载体的关键影响因子确定——主成分分析法

主成分分析法是在确定行为体验层面影响情感感知的关键空间形态因子和非空间形态因子的过程中使用的，是基于统计学分析的常用工具方法，并被验证是具备准确性和效度的分析方法。运用主成分分析法指导小微公共空间感知指标体系的要素选取，并进一步应用因子旋转分析，确定关键影响因子下的具体要素内容，并结合因变量和自变量设置，识别影响驻留行为人数的因子影响比重。

5.2.5 情感数据的形象表现方式——EmojiGrid 情感表情网格

使用调查问卷李克特量表对空间感知进行评价，通过两个维度的评分分值借助 EmojiGrid（情感表情网格）作出每个小微公共空间的情感评价二维象限。EmojiGrid 情感表情网格作为一种全新的情感表现方式，能够帮助产品设计进行情感感知量化测度，并在和其他研究方法的对比中凸显了其优势和特质，部分内容可见第 3 章。

5.3 小微公共空间情感化设计导引

5.3.1 城市新区小微公共空间情感化设计控制策略通则

1. 网络化原则

充分调动新区既有闲置空间，结合街块建筑属性、城市形态、人口密度和路网结构形成小微公共空间的线形、面域和网格空间布局以及功能分布体系，以点带面形成区域小微公共空间子网络，作为大型公共空间过渡到日常氛围生活圈的媒介和桥梁。网络化小微公共空间体系形成有助于作出良好的本能层面情感反馈。

2. 类型多样化原则

探索由小微公共空间五种基本类型衍生的子类型。新区城市形态、建筑类型的多样化，决定小微公共空间可以以多种面貌呈现，多样化的类型带来多元的空间感知体验和设计探索，能够丰富和扩展人们的城市空间感受。

3. 在地性原则

展现深刻根植于新区地域自然风貌、人文记忆、历史文脉、时代发展的风貌特色。小微公共空间应集中展现独特的城市新区文化符号和在地特殊性，给人反思层面的情感记忆，进一步强化城市新区之于市民的文化渗透和生活吸引力，打造健康宜居的生活氛围。

4. 复合性原则

小微公共空间尺度小而微，其所承担的空间职能和其重要性决定必须对其进行功能使用、空间层次和时间管理上的复合化，提高其利用效率，丰富体验层次，做到空间单一职能和可变职能的转换。结合高度功能复合所形成的功能业态交互性，塑造更有效率的日常生活与更有活力的邻里氛围。小微公共空间通常能够成为连接主要道路和临街建筑的缓冲空间及必要中间层次，结合类型多样性，提高街道和建筑的复合利用效率。

5.3.2 城市新区小微公共空间情感化设计控制策略控制细则

1. 调整小微公共空间人均数据指标和策略划分

根据城市新区现有规模和存量空间情况调整小微公共空间人均数据指标和策略划分。当前滨海新区主要公共空间面积基数是由大型公园、景观生态绿地奠定的，而在新区内广泛存在有众多待更新场所，有效利用这些潜在发展场所进行集约规划，调配各区域小微公共空间比例，能够形成新区小微公共空间网络毛细系统，衔接和补充既有公共空间整体规划布局。

2. 鼓励进行局部地段的车位微公园体系推广实践

建议以 500 m×500 m 尺度的街区范围为一个基本模块，保证每一个街区内包含4 至 5 处小微公共空间，鼓励增加建筑贴附型和街道衍生型两种类型，并以"L""U"和"口"围合型为辅助形式，强调对 S、M、L 三个小微公共空间等级中，S 等级小微公共空间的建设和分布规划。建议选取城市新区中具有发展条件和公共潜力的文化、商业类建筑进行初步的实验设计，在使用后评价和反馈，然后陆续推广到由 3至 4 个街区组成的小型社区。

借鉴美国车位微公园的设计、审批和落地流程，以商户或业主为投资建设主体，由多个政府部门联合进行引导、配合及监督，同时在项目各阶段听取和吸纳公众意见，扩展街道活动选择并为邻里社区注入活力。车位微公园由原有车位对应的临街商户或建筑业主作为投资者，主导项目的申请、投资、设计、建造、安装及维护工作，由市长办公室搭建跨部门协作平台进行管理并提供服务，参与的部门包括规划局、交通局和市政基础设施部门等，跨部门协作平台流程指引图（图 5-1）。小微公共空间的建设也鼓励使用可循环材料、可再利用材料、低排放且易于维护的材料，避免使用塑料、树脂玻璃以及非环保木材。

对于具体某一处小微公共空间的风格、形态、材质、色彩不作过多限制，而是根据投资者、维护者和使用者的实际需求进行主动性设计。鼓励多种临时性、非永固性、多种功能属性的小微公共空间实验尝试，以优化城市公共空间的布局。

3. 各级小微公共空间包含要素规定及内容建设建议

根据对小微公共空间三个规模等级、四个划分区间的研究，不同等级公共空间

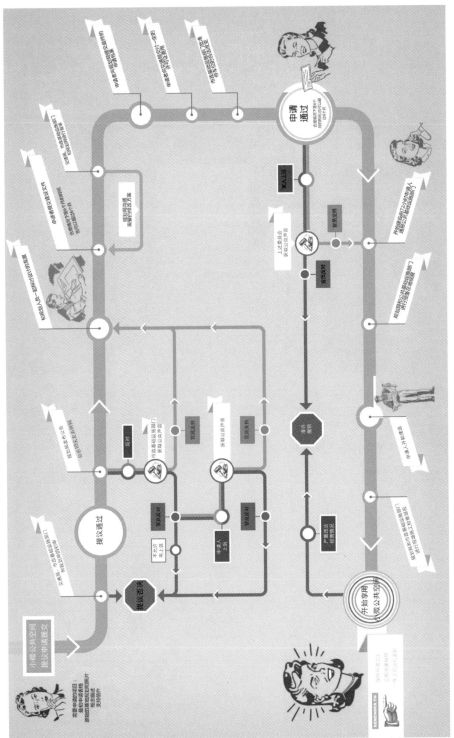

图 5-1 跨部门协作平台流程指引图

（资料来源：笔者根据旧金山《车位微公园手册》改绘，翻译英文文字，原图来自 San Francisco Parklet Manual-Version 2.2 San Francisco: Pavement to Parks, 2015[EB/OL]. City & County of San Francisco, 2016-02-10[2016-09-17]. https://groundplaysf.org/resources/. P4-5）

内包含的要素种类不尽相同, 要素的确定根据场地具体现状进行增加、删减或调整(表 5-1)。拥有小于尺度 20 m² 的小微公共空间最为极致, 建议容纳的空间要素精简实用, 能够最大限度适应人们的临时性行为和市民的创造性灵活使用方式。要素规定参考《车位微公园手册》内容。小微公共空间的规模和环境随时间发生复杂变化, 空间元素会逐渐齐全, 但不要求一次性囊括, 其中某一项或几项的组合配置往往可以激发出恰当的情感体验且不会造成视觉感知杂乱, 元素确定原则要始终围绕生活、空间、建筑三者关系积极展开。

表 5-1 小微公共空间包含要素控制表

分项	规模			
	< 20 m²	20~400 m²	400~1200 m²	1200~4000 m²
草坪绿化	×	▲	▲	▲
盆景绿化	▲	局部可有	局部可有	局部可有
花境设计	×	▲	▲	▲
水面	×	▲	▲	▲
休闲座椅	▲	▲	▲	▲
建筑边界	▲	局部可有	局部可有	局部可有
标识牌	▲	▲	▲	▲
桌子	▲	▲	▲	▲
甲板	▲	局部可有	局部可有	局部可有
种植箱体	▲	▲	▲	▲
长凳	×	▲	▲	▲
自行车停靠位	▲	▲	▲	▲
照明	▲	▲	▲	▲
平台	▲	局部可有	局部可有	局部可有
标准安全装置	▲	▲	▲	▲
围挡边界	▲	局部可有	局部可有	局部可有
柔性防撞围栏	▲	局部可有	局部可有	局部可有
停车限位挡	▲	▲	▲	▲
雕塑	×	▲	▲	▲
艺术和玩耍装置	▲	▲	▲	▲
其他	具有临时性、非正式性			

资料来源: 笔者绘制 (× 表示无, ▲ 表示有)。

4. 依据街道类型深化街道衍生型小微公共空间设计

以天津滨海新区核心区为例，将街道分为商业 - 商务型街道、生活服务型街道、景观休闲型街道、交通型街道四大类型。

① 商业 - 商务型街道类型中的商业型街道主要指沿街具有中等规模零售、餐饮等模式，面向街区、社区服务能力等级或综合业态特征的街道，又可细分为特色商业型和全面商业型街道两种子类型。能够承载会面、休憩、驻足观看、拍照、室外餐饮、沿街贩卖、游览、闲逛、街头表演和儿童玩耍等的经常性和必要性行为，同时为驻留型与穿过型行为为主的街道衍生型小微公共空间提供了生成场所，丰富了服务人群类型。对于在滨海新区更为广泛存在的商务型街道，沿街两侧以大中型写字办公楼为主，建筑界面连续统一，往往缺少底层餐饮和零售店铺。使用人群多为白领、外卖人员和来此地办公或商务会谈的中青年人。商务型街道以长直、规整、缺少变化、界面封闭等为突出特点。秩序感强烈但视觉单调，步行体验方向感和差异性较弱，可考虑在区域内部设计环形步道和小微公共空间局部系统，加强方向识别感，也能弱化高层建筑引发的视觉压抑感。同时在基面设计时考虑彩绘标识图案，增加视线层次变化和区域空间体验。

② 生活服务型街道：是以服务本地居民、企业和工作者的小规模生活服务型商业（如理发店、干洗店等）设施以及公共服务设施（如社区诊所、社区活动中心等）为主的街道。宜在街道两侧布局形成小微公共空间线形网络，作为社区日常生活重要场所，为不同年龄段居民提供日常化会面、交往、漫步、攀谈、玩耍等的活动场地。相较于商业型街道的街道衍生型小微公共空间，依傍于生活服务型街道的小微公共空间具有自我营建性，承担的职能更简单、更贴近日常公共生活。

③ 景观休闲型街道：景观和历史风貌突出的街道，如邻近水域、重要大型景观节点及历史文化保护建筑等的城市街道。可结合空间节点设置以休闲、健身、散步、观赏等活动为主的小微公共空间，侧重其景观利用特性，形成小尺度的景观休闲氛围，增强对城市自然风貌和人文风貌的高效利用。营造独特的景观特色并非最终目标，而是促进小微公共空间与人行道、沿线绿带的一体化设计，扩大可使用的休闲活动空间，也是对城市新区特有的空间行为类型，如垂钓、艺术表演、休闲棋牌等的巩

固和强化。小微公共空间内部应提供充足的座椅、绿化、市政设施等，适当结合智能服务设备，形成区域智能网络系统。

④ 交通型街道：各类交通是交通型街道的主要活动内容，对于以交通职能为主的道路，机动车交通是其主要组成部分。依附于这种类型街道的小微公共空间以分割道路的小型中央绿化带形式为主，部分供机动车驾驶员临时休息使用。而对于位于社区、居住区内部的街道，非机动车通行、步行交通与满足机动车临时停靠的功能共同构成了其主要活动内容。依附于这种类型街道的小微公共空间可以和非机动车有序停靠、智能充电装置布置、机动车非停留时间场地的复合利用以及提供步行者休闲的停驻使用充分结合。小微公共空间内需要提供必要的标识指引系统、智能设施、硬质隔离装置、座椅、可移动绿化等。

5. 借助小微公共空间弱化高层建筑引发的视觉压抑感

滨海新区密集分布着高新产业园、金融广场、泰达文化中心等众多公共建筑群，可结合绑定建筑贴附型小微公共空间，参考巴塞罗那 22@ 新区更新规划，在高层建筑群落中设置微绿化地形同休闲设施结合的小微公共空间，弱化高层建筑引发的视觉压迫感和场地空旷感，增加人们穿行街道和街区的行走体验及视觉感知维度（图 5-2 至图 5-5）。可以于建筑首层入口灰空间摆放沙发、座椅、娱乐设施等街道装饰，丰富过渡空间层次，呼应小微公共空间同建筑空间、廊下空间等过渡空间的融合，起到紧密连接建筑室内外空间的作用。此处小微公共空间的设立也能够缓解建筑给人的距离感以及高层建筑带给行人的视觉压力。尤其是酒店、商场等具有对外开放功能的建筑可以通过室内空间的向外辐射参与到城市公共空间的整体构建中，丰富行人的步行体验。

6. 呼应新区职能定位，打造智慧型和文化型小微公共空间

打造智慧型和文化型小微公共空间同滨海新区高新科技、临港经济、企业总部、国际产业创新中心、京津冀保税港区的功能发展定位相吻合。根据小微公共空间所在区域的整体功能定位，植入智行协助、安全维护和环境治理服务，在展现滨海新区区域自然特色的同时，进一步提升空间环境艺术品质、彰显自身功能属性和职能特色，延续历史文脉，塑造时代风貌。整合街道设施进行智能改造，鼓励在小微公共空间建设中融入智慧理念、技术与设施。应用智慧管理手段，提升小微公共空间

图5-2 巴塞罗那新区
某酒店灰空间
（资料来源：笔者自摄）

图5-3 巴塞罗那新区
小微公共空间1
（资料来源：笔者自摄）

图5-4 巴塞罗那新区
小微公共空间2
（资料来源：笔者自摄）

图5-5 巴塞罗那新区
小微公共空间3
（资料来源：笔者自摄）

的使用数据采集技术以及安全性和维护管理水平，是从反思和使用层面提升小微公共空间情感化设计的措施。

5.3.3 历史街区小微公共空间情感化设计控制策略通则

1. 轻介入原则

依托历史街区现有公共空间建设基本思路，采用最小工程量、最小改变动作和最大化作用效果三大准则，精准应对小微公共空间的关键物质形态要素改变和提升，对历史文化街区环境持审慎和尊重态度。

2. 精细化设计原则

精细化设计关注小微公共空间每处人本尺度设计细节，以及各空间形态要素的指标范围。设计直接决定情感化设计使用层面的感知体验，对形成积极正向的情感体验至关重要。

3. 智慧性原则

强调情感化设计使用层面价值，提供智行协助、安全维护、生活边界和环境智能服务等内容。鼓励在小微公共空间建设中融入智慧理念、技术与设施，应用智慧管理新手段、新材料，提升小微公共空间的安全与治理水平，以及提升空间使用的便利度和舒适性，有助于增加小微公共空间魅力、激发人们探索和深入认知空间的积极性。

5.3.4 历史街区小微公共空间情感化设计控制策略控制细则

1. 过渡区域界面的深化设计及现状更新

以天津五大道历史街区为例，通过对该区域普遍存在的街道衍生型小微公共空间的情感量化测度，识别出过渡区域界面设计对驻留行为的影响程度最深。面向历史街区的小微公共空间情感化设计可以重点关注沿街建筑底层为商业、办公、公共服务等功能时的开放边界空间设计处理；过渡空间主要由地面抬升、灰空间和玻璃界面三个要素共同决定。建议历史文化街区包含小微公共空间的区域界面建筑的首层街墙界面透明度应达到界面总面积的 60% 以上，鼓励结合店铺功能实际使用情况，设置商品展示橱窗。适当更新现有底层界面为玻璃门、落地窗、商业橱窗等增加视觉吸引。注意统一协调环境色彩，保证整体环境感知度，不建议使用色彩过于突出和饱和度过高的色块，避免同周围环境产生强烈的对比。对涉及建筑构件同街道空间的三维尺度控制，包括街道衍生型小微公共空间依托建筑挑檐、骑楼、雨篷等形成限定边界，为行人和非机动车遮阳挡雨。另外可以通过丰富的底层界面构件细节设计，增加凹凸变化，镶嵌凸出物等形式增加人群停靠、休息和活动的可能性。建筑底层细部设计及人的行为如图 5-6 所示。活动遮阳篷最低边界至少距离人行道 2.5 m，不得超出人行道，净宽不得超过 2.5 m；固定雨棚建议采用透光材料，雨棚下侧距离人行道净高不小于 3.6 m，出挑宽度不得超出人行道界面。界面尺度及界面形式如图 5-7 所示。指标规定及相关指标的确定，考虑了天津五大道历史街区现有街道建筑实际情况、未来空间改造可能性，并参考已经在实践中应用比较成熟的《上海市街道设计导则》部分内容。

过渡界面区域设计参考历史街区已建成的丰富界面形式并进行推广，如地面局部抬高、彩绘、铺装变化、矮砖墙（< 2.2 m）、镂空墙、方孔式围墙（围墙 0.9 m以上透明度须达到 60%）、玻璃砖、渐变玻璃幕、格栅等形式；室外遮阳伞、固定或活动公共座椅、盆栽绿化、展示牌、商品货架等以单一或组合方式呈现，其中围绕座椅展开的多种行为如图 5-8 所示。边界区域创新类型设计也要充分呼应与强化

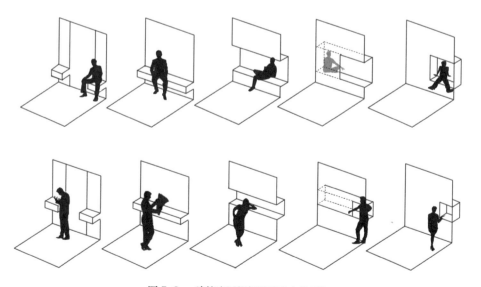

图 5-6　建筑底层细部设计及人的行为

（资料来源：笔者根据 Articulations Diagrams Blog 部分分析图改绘）

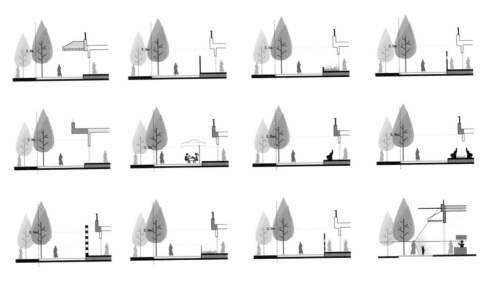

图 5-7 界面尺度及界面形式

（资料来源：笔者综合了天津五大道街区实际情况和《上海市街道设计导则》图示内容改绘）

图 5-8 围绕座椅展开的多种行为

（资料来源：笔者综合了天津五大道街区实际情况和《上海市街道设计导则》图示内容改绘）

街区特有的沉静、温馨的整体空间氛围；鼓励将玻璃与木材、石材、清水砖、混凝土等纹理和色彩感强烈的材料进行搭配，塑造界面的纵横向韵律感。针对底层处于废弃状态导致的建筑前广场闲置现象，可酌情暂时改作临时停车场、文创市集等，临时停车场使用要合理规划场地，规范停车方式以高效利用场地，避免车辆的无序停放给行人带来步行障碍。文创市集要充分结合所在街区的使用人群性质及贴附建筑的立面特性进行布局，强化街区的历史记忆和中西方文化融合。

2. 采用多种绿化形式，提升自然环境品质

结合过渡区域界面进行绿化设计和充分利用建筑界面的细部设计，如王府井口袋公园（图5-9），采用多种形式绿化，包括空间边界围墙垂直绿化、退界区域地面绿化、盆栽、立面绿化、结合隔离设施及隔离带形成的绿化、基础设施和绿化结合使用。注重不同颜色、质地、形状的植物 [如慕尼黑东部某老年公寓公共花园设计（图5-10）]，栽植芬芳的观赏型花卉；提升乔灌木在整体绿化空间的比例。提高小微公共空间的绿化覆盖率为20%至50%，树冠下净空应大于2.2 m，为夏季日间活动的居民提供遮阴。植物配置着重考虑居民休憩活动行为，不宜选用对儿童、老年人活动有潜在威胁的植物，如剑麻等。小微公共空间内绿化种植间距以2 m至4 m为宜；选取植物宜具有鲜明的叶片质地、形状变化以及不同香味以形成对视觉和嗅觉的微刺激。在新建小微公共空间种植所在地的常见树种，以天津为例，建议采用月季、海棠、合欢、国槐、法国梧桐、玉兰、白蜡树、悬铃木、冬青等常见植物并提倡灌木花卉搭配使用。

3. 提供位置合理、数量充足的休息座椅

以天津历史街区五大道街区为例，重要的大中型公共空间如睦南公园、土山公园、民园体育场等的座椅供应数量充足，但其他公共空间，尤其是小微公共空间，座椅供应欠缺，是被访者普遍反映的有待改善的地方。根据五大道街区现有小微公共空间规模和座椅情况，建议每5 ㎡的广场提供1.5 m长度的座位，座位形式不仅包括正式公共座椅，也包括可以提供给人们小坐的台阶、花池木质边沿儿及景观小品等。座位朝向的多样性意味着人们坐卧时可以看到不同景致，另外座位朝向多个方向还可避免日照直射和风向变化给人带来的不适感。要对每处小微公共空间场地进行周密详细的调研。座位的质感会对使用者心理造成一定的影响，人们喜欢选择温暖、舒适的座位坐下来独自休息或与周围人交谈，因此推荐使用木椅，或与绿化结合的座椅形式（图5-11）。

4. 设置艺术装置，吸引人群自拍打卡

艺术装置的设置可以增加空间的使用和视觉吸引，是一种已被广泛推广应用的激活空间活力的方式。根据现有艺术装置同人群的互动形式和种类，分为中等程度和高级程度两种。

图 5-9　王府井口袋公园

（资料来源：官网照片 https://www.archiposition.com/items/20180525112259）

图 5-10　慕尼黑东部某老年公寓公共花园设计

（资料来源：笔者自摄）

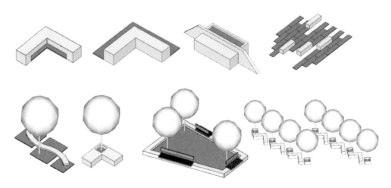

图 5-11　与绿化结合的座椅形式

（资料来源：笔者自绘）

①中等程度互动性艺术装置：在重要的节点性小微公共空间设置契合历史街区地域文化特色的字母或中文汉字立体景架、标志性符号和人偶构筑物，如天津方特欢乐世界宇航员艺术装置（图5-12），WeChat、Facebook等网红拍摄景框或具备简单几何元素如圆形伞等的艺术装置，能够吸引人群停留并拍照留念。通过打卡拍照形式提升小微公共空间场所的身体黏结性，但这种形式的装置可参与性较差，仅仅停留在拍摄、触摸和观察等层面。

②高级程度互动性艺术装置：3D地面立体画彩绘、将地面和墙面结合的艺术形象设计、色彩亭、线性连续管道，如阿德莱德港口的哈特磨坊公共空间改造（图5-13）。艺术装置本身具有复杂性和占用空间场所面积较大等特点，可以增加坐卧、倚靠、窥视、聆听等多种感官体验，对人群的锚固作用效果更明显。

6. 丰富人与空间互动层次的智慧型装置

主要针对重要的小微公共空间节点设置。智慧型装置包括艺术、科技和人性化装置。艺术装置包括公共艺术装置，扩展声音、图像、气味等的传播媒介，可触发交互艺术的空间活动。科技装置可以参考北京西城区金融街健身公园（图5-14），设立智能步道打卡桩、智能步道大屏幕、智能售卖机、24小时智能健身仓、智能座椅、动感单车、智能步道灯等科技智能特色设施，可以为小微公共空间500 m至1500 m服务范围内的居民创造现代化健身条件，增加人群和场地的多层次互动可能，尤其易于提升使用和反思两个层面的情感诉求。人性化装置主要针对行动不便人群，如老年人、残疾人、低龄儿童，设置智能通行安全设施、智能灯光设施。在靠近居住区的街块避免采用亮度过高的夜灯，以提供清晰路线指导为主，也可局部增加自动感应灯带。结合现有雕塑、橱窗、步行路面、绿化设置点状或线状隐藏式光源，建筑的夜景照明要充分结合建筑细部，强化横纵向轮廓线。针对街区人群特征设置三类智慧型装置，建议设施覆盖率达到40%。该细则是从使用和反思层面提升情感化设计品质的方式。

图 5-12　天津方特欢乐世界宇航
员艺术装置

（资料来源：笔者自摄）

图 5-13　阿德莱德港口的哈特磨坊公共空间改造

（资料来源：https://www.aspect-studios.com/project/port-
adelaide-renewal-harts-mill-surrounds/）

图 5-14　北京西城区金融街健身公园

（资料来源：http://pic.people.com.cn/n1/2019/1126/c1016-31475388.html）

5.3.5　生活社区小微公共空间情感化设计控制策略通则

1. 共建性原则

共建性原则是居民实际需求的真实反馈。促进邻里的情感链接、深层次的行为互动和积极的共同参与是共建性原则的基本构成内容。通过前期调研分析发现，能够凝聚居民一起进行空间改造和品质提升，对于形成社区归属感具有重要作用。

2. 落地性原则

针对场地问题进行设计回应、积极融入周围环境肌理、契合场地条件的小微公共空间落地实践等共同构成落地性原则的主要内容。根据社区独特的建筑风貌、场地特征属性以及拟建的小微公共空间场所来设计，能够提高小微公共空间与现有社区既有环境的融合度。

3. 人本性原则

人本性原则鼓励空间的多样性与趣味性，突出城市人文记忆的内核价值，提升街道空间特色，强化空间体验层面的人本反思。形成多类型组合、多功能关联、连续、多样与协调活泼的空间界面。面对社区中不同年龄、不同职业人群的特定性设计能够保证居民在空间中享受充分的人文关怀和细节关照。

5.3.6　生活社区小微公共空间情感化设计控制策略控制细则

1. 小微公共空间位置分布清晰可见

根据小微公共空间的五种基本类型，可以多考虑于街巷角落、楼前入户空间、楼后绿化、建筑山墙、社区主次入口、围合型居住建筑内院、社区服务设施和社区活动中心附近，酌情设置小微公共空间，保证其出现在安全的视线范围内。小微公共空间分布位置如图 5-15 所示。根据临街建筑内外两侧人流通行及空间视线开敞的特点，结合小微公共空间自身场地规模设置 1 至 2 个入口，边界可作为行人横穿街角的近路步道，小微公共空间穿行流线如图 5-16 所示；选址宜与社区步行交通有机结合，集中布置面积从 20 ㎡到 400 ㎡不等、以 S 级为主的小微公共空间；基面长宽比宜控制在 1.5 ∶ 1 与 3 ∶ 1 之间。

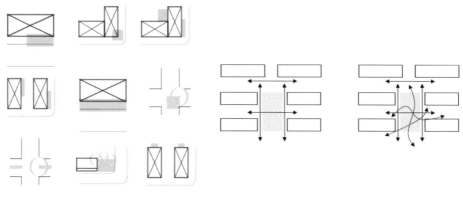

图 5-15　小微公共空间分布位置　　　　　　图 5-16　小微公共空间穿行流线
（资料来源：笔者自绘）　　　　　　　　　（资料来源：笔者自绘）

2. 社区小微公共空间色彩设计建议

主要围绕小微公共空间的基面、限定边界等设计展开。色彩点缀可发生在垂直墙面等竖向要素上，结合社区文化、党建活动、价值宣传、好人好事等主题海报绘制展开，也可以开辟创意性彩绘区域，鼓励创意图绘，灵感创意来自社区自身的居民属性、所在街区文化环境与人文背景以及所依附建筑的使用功能及山墙立面特征，如小关绘以"房间"为主题的墙绘设计（图 5-17）。在居民共同参与绘制的过程中也能增进邻里情感，共建记忆。对于基面设计，可结合归家路径铺绘识别性色彩，根据以色彩介入为主要设计构思的建成案例颜色统计分析，多以暖色系为主，如西班牙 Darío Pérez 广场（图 5-18），也可采用红黄橙搭配点缀冷色系的绿蓝青的方式。每种具体颜色的 RGB 值不作硬性规定，做方案设计时可参考已建成项目的颜色范围区间和搭配组合方式。对于场地铺装色彩，选取时尽量先确定主、辅色调，遵循色彩比例搭配原则，形成协调统一又富于变化的地段色彩，体现对社区环境的延续、突出和创新。铺装材料考虑常见的砖材、木材等，也可适当铺设软性材料如橡胶、沙土等并结合设计图案纹样。

3. 增强绿化的可参与性和可使用性

调研过程中发现，生活社区中存在大量自主营建绿化环境的行为，且社区建设之初规划好的集中绿地空间使用率极低，这两种现象反映出人们对绿化的参与和使用等具有强烈的意愿。对现有座椅空间的位置进行调整和形态优化，如绿化、休息

图 5-17 小关绘以"房间"为主题的墙绘设计

（资料来源：https://mp.weixin.qq.com/s/PI5-Zfjo cDPI5YeKqf-fIg）

图 5-18 西班牙 Darío Pérez 广场

（资料来源：https://architizer.com/proj ects/dario-perez-square/）

座椅、步行路径采用统一的一体化设计方式，绿植和室外栽植盆景可以环绕布置在座椅前后、左右、中央和下侧区域等。对座椅的朝向、形状样式可进行多元探索，不局限于规整的矩形、L形，也可采用自由曲线。多种绿化结合座椅的形式如图 5-19 上所示。目的是满足居民对室外空间的改造期望，也能够满足近距离接触绿化元素的心理预期，由原先背离和远离绿化的状态转变为进入绿化中，如图 5-19 下所示，但同时也要注意驱蚊植物的种植和驱蚊灯的安装。

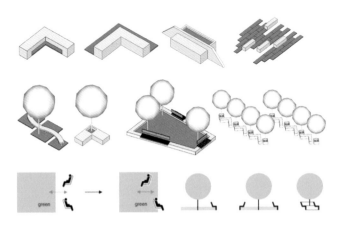

图 5-19　多种绿化结合座椅的形式
（资料来源：笔者自绘）

4. 社区入口空间的精细化设计

城市中的生活社区尤其是当下存量资源巨大的老旧小区，对入口空间的精细化设计考虑欠妥，入口范围内场地也较局促。随着社区居民的迭代和更替，人们对入口空间的使用需求和预期逐渐提高。在后期更新设计中，可以根据场地自身的发展空间大小，提供婴儿车停放空间、轮椅回转空间、宠物栓、临时歇脚座椅、简易置物平台（放置购物商品和箱包）等功能使用区域。这些使用需求空间占地规模不大且可以对空间进行立体复合利用。例如婴儿车停放和轮椅回转空间可利用同一场地，在不同时间段错峰使用；歇脚座椅和置物平台也可为同一构筑物，通过可调节装置实现高度控制，充分利用狭小空间展开多功能复合利用的形式探索。歇脚座椅宜附带可移动的脚蹬和小桌板，符合老年人的身体尺度和使用习惯。除了每栋楼宇的小入口空间设计，在社区主次入口处应设置规范的共享单车停放场地、残疾人用车车位、三轮车停靠区域，避免过多占用设备内部场地资源，也降低对社区内以慢行为主要行为的老年人的人身安全威胁。

5. 满足不同年龄段人群使用的差异性需求

进行 S、M、L 三种规模层级小微公共空间的内部活动难易程度分级。S 级小微公共空间只单纯面向一个年龄段使用人群，而对于 M 级和 L 级两种规模较大的小微公共空间则鼓励多个年龄层居民使用，满足一定程度的功能复合利用和多年龄层混合。但无论何种层级都宜考虑以下设计建议。

①不同规模大小的小微公共空间承载的功能种类和数量不尽相同，组成有机的社区室外公共空间整体活动网络。

②根据儿童年龄大小和活动的差异性需求，提供攀爬、摆荡、滑梯和平衡木等一系列装置，并考虑随着孩子年龄的增长和能力的增强，公共空间中的装置依旧有其体验性，符合永续使用标准。游戏设施下方及周围区域铺设沙子或其他弹性保护材料，如树皮屑、树木削片、注塑橡胶、橡胶垫等，防止孩子跌落时摔伤，其中沙子更具有内在游戏价值，干燥时可提供活动缓冲保护，湿润时可用于玩耍。

③老年人在接近学龄前低龄儿童和他们的父母时会感到比较舒服，而靠近好动的稍大青少年时则舒适感降低。这一方面是因为青少年过于躁动的性格带来喧闹声环境，另一方面是因为他们易对老年人造成肢体碰撞。可考虑在小微公共空间入口附近划分一处有明确边界或由植物绿化限定的区域作为老年人的专属休息、活动场所，为老年人提供朝向小微公共空间外部观赏的可能，同时该场所应同儿童活动区域距离稍远，做到视觉上感知彼此但避免直接接触。

6. 鼓励和探索多种形式的社区共建

社区共建以都市农业和废物材料的再生利用为主，适当开辟现有社区公共空间的 20 m² 场地，以田字格形式划分为正式园圃，并将其分成可供个人使用的若干小块或抬高的种植池。社区共建分区如图 5-20 所示。种植地块选取在居民住宅单元附近，地块附近设置长椅，方便居民休憩、停留和交流。对于行动不便的老年人可设计缓坡型种植池，且最好为不同高度，并在下部留出垫脚区。首先鼓励居民主动参与管理和维护，待园圃收获后进行社区推广和有偿购买活动，能够更好地提高社区居民彼此的熟悉程度，尤其在疫情期间社区反复封控的情况下，实现小范围区域内的共

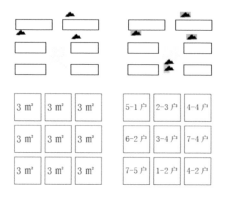

图 5-20　　社区共建分区

（资料来源：笔者自绘）

建互助和室外活动需求更显弥足珍贵。此外造园及营建园圃活动不仅是一种娱乐和社交行为，也是增添新鲜蔬果和减少生活开支的方式。园艺还可提供给居民一条展现个人技能和实现自我成就的途径。通过展览和竞赛，花园成为全体居民的骄傲，并成为与更大范围社区交流的载体。

　　情感依托体验者"人"，来源于人本体的真实感受，人群个体的差异性必然会引发对同一小微公共空间的情感反馈差异。随着老龄化程度的加深以及公共空间使用过程中的代际冲突加剧，要兼顾单一年龄人群社区（如老年人优化社区或儿童友好社区）的精细化设计和全龄社区的包容性设计，本研究还需进一步展开围绕不同年龄层级尤其是不同体能状态的老年群体的空间情感诉求分析研究，提升小微公共空间的全龄社会融入价值，对小微公共空间微设计、精细化内涵属性进行更深层挖掘。小微公共空间本身就同空间使用者关系更为密切，贴近日常生活、满足多类型人群的适应性设计将有助于挖掘情感化在公共空间设计领域转译的理论厚度。将小微公共空间的社会属性同建筑学设计意义紧密结合，以应对不断变化的时代需求和不同的城市发展阶段。

　　眼动仪、脑电和心电信号采集技术的发展，以及智能计算、生命健康等领域的多学科交叉融合，极大地促进了对空间使用者尤其是老年人"感知"测度数据颗粒度的精细化发展，实现了空间体验数据的客观性采集以及度量技术瓶颈的突破。

下 篇

基于"行为 - 感知"测度的旧城区户外小微公共空间适老化研究

小微公共空间适老化理论研究

小微公共空间的情感化研究关注的是人对于小微公共空间的情感需求和小微公共空间对人情感层面的影响。在我国人口老龄化趋势下，拥有相对充裕空闲的时间和对小微公共空间具有较高日常依赖度的老年人，作为小微公共空间的典型受众人群，值得得到特别的关注并对其开展相应的研究。因此，本书进行了基于"行为-感知"测度的旧城区户外小微公共空间适老化研究。

6.1 社会背景·需求解析
——小微公共空间之于旧城区老年人

6.1.1 参与城市旧城区公共生活的重要空间载体

人口老龄化已经成为我国社会发展不可避免的必然趋势，在此情况下，城市适老化空间设计需要尽快起动，至此如何使城市公共空间更加适合老年人的日常使用，成为亟待解决的问题。

居住在城市旧城区中年纪较大的城市居民，是本书研究的重要群体。由于身体机能的限制，老年人日常大部分时间在以家为中心的 500 m 范围内活动。然而，旧城区由于建设年代久远，大多缺乏公共空间的系统布局，主要的大尺度公共空间普遍较少。相对于数量稀少、路途较远的大尺度公共空间，遍布各处的小微公共空间，成为居住在周边的老年人生活中使用极为频繁的城市公共空间。

老年人们在这里与城市中的其他人相遇、寒暄、闲聊，进行各种活动。这些看似不起眼的小微公共空间成为他们与社会交流的场地，也成为他们参与城市公共生活的重要空间载体。

6.1.2 注重"精度"和"温度"的空间品质提升趋势

旧城区小微公共空间的适老化在相当程度上影响着老年人的日常城市空间体验，对提升老年人的生活品质和日常幸福感起到重要的作用，能够激发他们的社会参与和人际交往行为，鼓励老年人以积极的态度融入城市公共生活当中。

随着经济发展水平的稳步提升和人本设计理念的发展，未来的城市空间研究将呈现出更加注重"精度"（细节）与"温度"（人性场所）的新趋势，研究关注的侧重点也会由空间景观效果的营造和基本使用功能的满足转向关注老年人在空间中的生理心理体验等。

本章侧重基于"行为 - 感知"测度的旧城区户外小微公共空间适老化研究，研究内容涉及三个层面：①旧城区户外"小微公共空间"；②"行为 - 感知"测度；③空间"适老化"。三个研究层面在相对独立的同时，存在一定的交叠，如图 6-1 所示。正是这些交叠和重合，构筑了基于"行为 - 感知"测度的旧城区户外小微公共空间适老化理论研究基础。

本章将从三个层面进行基于"行为 - 感知"测度的旧城区户外小微公共空间适老化理论研究：①尺度界定·概念属性——旧城区户外"小微公共空间"；②知觉认知·行为需求——使用者"行为 - 感知"定量测度；③小微空间·适老化——营建实践与质性融合。

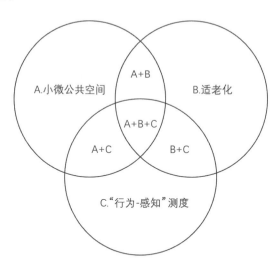

图 6-1　彼此"交叠"的三个研究层面

（资料来源：笔者自绘）

6.2 尺度界定·概念属性
——旧城区户外"小微公共空间"

小微公共空间的"小"和"微"都是一种用以限定大小的相对尺度和相对关系的概念。由于不同国家和城市的街区尺度、经济发展和社会文化的不同,城市小微公共空间"小"和"微"的绝对数量级存在显著差异,但"小"和"微"的概念实际都是同当地常规公共空间的尺度作比较得出的。小微公共空间描述了人们对空间规模大小的感受,但实际上影响人们感受空间规模的因素是多方面的,如体量、高度、空间关系的简单与复杂等。

鉴于城市小微公共空间的研究是笔者所属研究团队的主要研究方向之一,而且小微公共空间的尺度界定是这一研究方向中的基础性问题,研究团队在对国内行业标准规范数据(研究最终面向的是我国的城市空间,所以只针对我国行业标准中的有关数据内容进行了分析)和国内外学者学术研究中涉及的小尺度公共空间的尺度数据进行归纳和统计的基础上,总结出关于小微公共空间尺度界定的范围准则。

6.2.1 基于行业标准和学术数据的尺度界定

在国内行业标准/规范中,由于不同标准/规范针对的城市空间范围和类型不同,对城市中小尺度公共空间的分类标准和规模界定数据并不统一,但是仍然可以从中发现一些基础性的规律。除国内行业标准/规范外,随着城市小尺度公共空间对社会功能和公共生活的释放被逐渐意识和关注,一些城市已经开始编制关于小尺度公共空间的利用及设计类导则,例如,青岛市编制的《青岛市城市微空间利用及设计研究》。在 2018 年 12 月 7 日,中国城市规划学会控制性详细规划学术委员会在青岛召开"微空间利用"学术交流会。会上,青岛市城市规划设计研究院结合青岛实例作了《共同缔造·一变倾城——青岛市城市微空间利用探索与实践》的主旨报告。

在相关学术研究中,学者则大多依据已有规范或标准进行小尺度公共空间的尺寸划定,因而对尺度的界定较为明了和统一。基于这个原因,对学术文献数据进行提取和整理,可以得出国内对尺度研究的数据结论。

在上篇的相关章节中，已基于行业标准数据和学术研究数据对小微公共空间进行了尺度界定，这里沿用研究团队对于小微公共空间的综合释义和尺度规模的界定。

6.2.2　基于公共生活属性的微空间概念

小微公共空间提供了一次对城市环境与人的关系重新思考的机会，能够在一定程度上实现人与人、人与环境、人与社会的沟通对话。

这里在沿用所属研究团队对小微公共空间的概念界定的基础上，更多侧重小微公共空间的公共生活属性。即，本书中小微公共空间是指"具体的、与日常生活实践更贴近的空间"，城市公共生活的日常开展成为小微公共空间的延伸且核心的定义标准。小微公共空间是指尺度较小、主要服务于城市居民、承载城市日常生活的公共空间。尽管城市中存在很多小尺度的空间，但这些空间并非都属于小微公共空间的范畴，只有那些能够吸引人们停留下来、发起或参与公共生活（寒暄也好，休息也罢）的小尺度空间，才能被称为小微公共空间。从这一角度讲，小微公共空间既可以是街头巷尾的一隅，也可以是小游园、小广场或者小型社区公园。它需要同时具备尺度规模较小及承载日常公共生活的特点。

6.3　知觉认知·行为需求
——使用者"行为 - 感知"定量测度

空间会触发身处其中的人们的知觉认知，形成对空间的"感知"；同时，空间本身的状态也会对空间中人的行为产生影响。对空间与"行为 - 感知"的关联性的理论研究是基于"行为 - 感知"测度的旧城区户外小微公共空间适老化研究的理论基础。

6.3.1　关注行为感知需求和空间交往属性的适老化

时间上的空闲与自由决定了老年人作为城市公共空间重要使用者的定位。西方国家较早进入了老龄化社会，因而更早地开始关注公共空间的适老化问题，其中一个比较重要的切入点是从老年人的日常行为和感知角度进行空间的适老化探索。

比较典型的研究成果包括克莱尔·库珀·马库斯和卡罗琳·弗朗西斯的《人性场所：城市开放空间设计导则》、伊丽莎白·伯顿等的《包容性的城市设计：生活街道》和扬·盖尔的《交往与空间》。扬·盖尔在《交往与空间》中，虽然不只关注老年人，但对空间中使用者的行为和感知及其与空间本身的关系进行了深入浅出的分析论述，亦对本研究的开展具有很大启发。

本研究的研究对象为旧城区户外小微公共空间，作为旧城区老年人每天都会使用的城市公共空间，在小微公共空间的适老化研究过程中，亦应通过研究设计、问卷调查和面对面访谈等方式鼓励老年人参与其中，推动老年人参与到研究中，真正做到从老年人的视角出发。

除此之外，对城市中小尺度公共空间的持续拍摄观察记录也是研究这类空间的重要方法。威廉·怀特在《小城市空间的社会生活》一书中提到，他在1970年成立了一个名为"街头生活项目"的研究小组，开始观察城市空间。"街头生活项目"是从观察纽约市的公园、游戏场地和街区里那些非正式的休闲娱乐场地开始的，重点观察了空间中包括老年人在内的使用者的日常行为。

国外对于小尺度公共空间的适老化研究更加偏重于行为叙事，即通过观察和记录，对老年人在空间中的行为、活动状态，以及参与设计的过程，通过叙事的方式进行分析和讨论。在空间的适老化探索中，研究比较关注老年人的行为感知需求（心理层面和行为层面的）和空间的交往性，并以此为基础归纳出空间的适老化建议。

在从老年人"行为-感知"需求出发的适老化研究和讨论中，对"行为-感知"定性的描述和基于适老化的分析，总体数量相对较少。将老年人的"行为-感知"纳入定量测度的维度，将研究空间与老年人行为感知的关联，为空间的适老化设计提供科学指导和可行参考。

6.3.2　城市空间中使用者"行为-感知"的测度方法

在将"行为-感知"纳入定量测度维度，进行小尺度公共空间的适老化研究之前，首先需要将研究对象拓展到空间的普遍使用者，对在城市空间研究中使用者"行为-感知"测度的方法进行系统归纳。对使用者"行为-感知"测度方法的系统提炼与分类归纳，能够为本研究提供重要的理论基础。

在城市空间研究中，使用者"行为 - 感知"的测度方法可以分为以下几类。

1. 感知量表问卷数据采集

基于对城市空间使用者的感知量表问卷，实现对使用者不可测度的感知进行"测度"是城市空间研究中使用者感知测度主要采用的方法。其基本过程是，研究者将需要量化的感知内容进行归纳并形成可以打分的量表形式，被调研者通过完成感知量表问卷，对各项感知进行自我衡量和评估，完成打分，基于这一过程研究者可以收集到相对准确但带有一定主观性的被调研者感知数据。

Karin Kragsig Peschardt 和 Ulrika Karlsson Stigsdotter（2013）以哥本哈根的 9 个小尺度城市公共绿地为例，研究了公园特征和使用者感知的恢复性之间的关联。研究数据来源于现场问卷调查中受访者回答的感知恢复量表（perceived restorativeness scale，PRS）和描述公园不同特征的感知维度（perceived sensory dimensions，PSDs）。研究发现，公园感知维度中的"社交性"和"平静性"与普通使用者感知的恢复性显著相关。

Patrik Grahn 等（2010）研究了城市绿地的感知感官维度与压力恢复之间的关联。研究假定人们感知特定维度的绿色空间时，空间的某些维度比其他维度对于人们从压力中恢复更加重要。研究结果识别和描述了八个感知到的维度，人们通常更喜欢的维度是宁静，其次是空间、自然、丰富的物种、庇护、文化、景色和社交。其中，庇护和自然与压力的相关性较强，表明具有较强恢复性的环境特征需求。

主观感知问卷调查常借助语义差异法（SD 法）或使用者对空间感受的自陈式量表法等来进行样本数据的收集。采用这种方法的研究包括王德、张昀的《基于语义差别法的上海街道空间感知研究》，研究借助语义差别法挑选了 4 组共 20 对描述街道空间感受且词义相反的形容词对，在每一对形容词之间划分 7 级，正反分别使用"非常""较""有些"和"中等"来区分，分别给予数值 - 3、- 2、- 1、0、1、2、3 以对使用者的空间感知进行量化，探讨了上海 8 条具有代表性街道的使用者空间感知与街道自身各项客体指标之间的关系。此外，还包括卢杉、汪丽君的《基于老年人感知的城市住区户外公共空间形态特征感知量化研究》等。

在基于感知量表问卷数据采集的空间使用者感知测度中，使用者的感知往往不是研究中唯一的量化对象。换言之，仅仅将使用者的感知进行量化会使研究只能对使用者感知进行定量层面的分析，而形成这样感知的背后原因（即怎样的环境特征触发使用者产生了这样的感知），才是更加值得关注和研究的。鉴于此，研究者通常除了通过感知量表对使用者感知进行测度计量之外，还会对影响感知形成的原因（比如空间特征、自然维度等）进行假设和测度，并基于数据分析进行结论推演。

2. 行为持续观察捕捉记录

Ensiyeh Ghavampour 等（2017）在惠灵顿中央商务区选取了 17 个小型公共开放空间，对其进行持续观测并每隔 12 分钟进行一次摄影记录捕捉。他们将不同位置的人和人群信息编码录入 GIS，绘制在地理信息系统中，并分析每个地点的使用、设计元素、气候因素（太阳、阴影）等。该研究对小尺度城市公共空间的时间间隔摄影记录进行编码，并把它作为一种行为绘图和分析的数据收集方法。

Anna-Liisa Unt 和 Simon Bell（2014）则认为，城市废弃空间可以作为城市的正式绿地宝贵的补充元素，它们不受约束的状态可以激发使用者广泛创新空间活动。他们在研究中以爱沙尼亚塔林的一处空间为例，研究了如何使用这样的空间，并评估了小型设计干预对使用者活动的影响程度，使用实地观察和行为图谱来比较小型设计干预前后用户的空间格局。测试结果显示，这些小的改进对女性和老年群体的影响较大，增加了空间整体的到访者数量，活跃行为的发生率显著提高。

Adriano Akira Ferreira Hino 等采用直接观察法，基于对具有不同经济社会情况与环境特征的 4 个公园和 4 个广场的体育活动（PA）及使用者特征（性别和年龄）的观察评估，研究公共开放空间中使用者特征与体育活动行为的关联性。研究发现在公园和广场中男性比女性多，公园中使用者的体育活动比广场中的更丰富。

在基于行为观察记录对空间使用者的行为进行定量测度的城市空间研究中，国内学者主要是从使用者的行为出发，基于空间内使用者的行为调查数据，分析空间使用者的各类行为与空间要素属性之间的关系，剖析空间问题及需求。

陈义勇、刘涛在《社区开放空间吸引力的影响因素探析——基于深圳华侨城社区的调查》中聚焦于开放空间自身的多维度特征对其吸引力的影响，以深圳华侨城社区为例，观察记录了各开放空间 4 天内的使用人次，并识别了各开放空间单元的空间构成、设施配置、景观环境等方面特征，以 10 个空间环境变量建立回归模型，探讨影响开放空间吸引力的关键因素。张樱子、曾庆丹在《拉萨市宗角禄康公园休闲空间构成及行为研究》中基于实地测绘数据，总结了公园内各类休闲空间的构成特征，并利用典型空间内的行为调查数据，从时间、空间以及现象上分析了各类空间中行为与空间要素的关系，并提出设计改造的建议。

关芃、徐小东、徐宁、王伟在《以人群健康为导向的小型公共绿地建成环境要素分析——以江苏省南京市老城区为例》中，以南京市老城区 35 个小型公共绿地为样本，通过 ArcGIS 分析、实地调研、勘察测绘等研究方法获取各样本的建成环境要素数据和健康活动数据（健康活动量化方法：以小型公共绿地活跃时段内的多个瞬时健康活动频次表示场地内的健康活动状况）；随后以区位要素和功能空间要素数据为内在影响因子，以小型公共绿地内的健康活动频次为外在表征因子建立回归模型，研究规划布局和设计阶段的建成环境要素对人群健康活动的引导作用。这些研究着眼于空间本身属性对使用者行为的影响，从使用者的视角出发为城市空间的优化提供科学有效的决策支撑。

行为调查也是行为测度的一种。相对于行为持续观察记录，行为调查的方法增加了主观意愿成分，但对于无法通过实地观察测度的特定行为及其人本规律的研究是重要的方法之一。何彦等在其研究中即采取了行为调查的方法。

上述典型研究涵盖了空间行为研究中对使用者行为的常规测度方法。学者在研究中对空间使用者的行为进行了定量层级的测度，基于行为调查测度数据，对使用者在空间中的行为特征规律进行挖掘归纳，提出空间优化建议。

3. 借助新技术手段的"行为 - 感知"测度

（1）借助生理传感设备的使用者"感知"测度

使用者对于空间环境感知的表达主要分为两个方面：①主观体验，即个体对空间的自我感受，是判别空间内使用者主观感知的数据，感知量表问卷数据即为使用者对空间感受的主观体验量化；②生理反应，即在使用空间过程中，人体神经系统、分泌系统等产生的生理信号变化，是感知的客观数据。因而，尽管主观感知量表问卷是基于使用者感知定量测度的空间研究中主要采用的手段，但在部分研究中，尤其是研究对象人群对于新技术的接受度较高时，空间使用者"感知"的测度计量采用了生理感知参数测量的方法。

生理感知参数测量，即为对使用者在空间使用过程中的真实感知状态的生理参数进行实时监测和数据收集，发现使用者感知特征规律，发现空间问题并提出相应的优化策略。

英国伦敦大学学院（UCL）高级空间分析中心（Centre for Advanced Spatial Analysis，简称"CASA"）的一项近期研究尝试了多种传感器在城市设计中的整合运用，通过邀请受试者穿戴上便携式 EEG、皮电传感器等设备和 GPS 追踪器穿行于不同交通状况和绿色程度的街道，来分析不同物质空间的环境特征（如交通拥挤、街景绿化等）对个人情绪感受的影响，进而精准地定位问题区域和缺陷所在，为高效的空间提升提供指导。

叶宇等通过大量高层建筑低区公共空间的类型学分析获得具有典型性的构成要素，然后基于正交设计和虚拟现实技术生成数十个具有代表性的沉浸式虚拟现实场景。两百多名被试者根据虚拟现实场景中的体验给出选择偏好，进而通过离散选择模型和层次分析法进行统计分析，计算各要素权重。结果校核由 EmpaticaE4 手环这一可穿戴生理传感器设备实现。

值得注意的是，本研究的研究对象人群是老年人，在对老年人进行的前期面对面访谈中，大部分老年人对皮电、脑电等生理传感设备的可接受度较低。

（2）宏观层面的"时空行为大数据"测度研究

除此之外，基于手机信令数据的时空行为研究成为宏观层面行为定量研究的热点分支，也是空间地理学与城市规划学 / 建筑学学科的交叉点，是近年来学者关注的重点。例如，罗桑扎西、甄峰（2019）的《基于手机数据的城市公共空间活力评价方法研究——以南京市公园为例》，王蓓等（2020）的《基于手机信令数据的北京市职住空间分布格局及匹配特征》等。

清华大学龙瀛教授及其研究团队在基于大数据的城市空间使用者行为研究中进行了前瞻性探索。例如，利用穿戴式相机采集的图片大数据研究个体在空间中的行为特征与时空信息，以及个体行为与建成环境之间的关系。根据北京市连续一周的公交 IC 卡刷卡数据和基于此的数据挖掘分析，快速有效地识别出与北京市土地利用现状地图具有一定匹配度的北京市各功能区。还基于手机信令等多源数据，研究城市居民居住选择行为的特征规律与发展趋势。龙瀛等在《新数据环境下定量城市研究的四个变革》中，对目前我国利用新数据环境开展的具有一定代表性的定量城市研究进行了概括，其中涉及的基于行为大数据测度的城市空间研究包括：利用公交刷卡记录研究通勤出行、过度通勤、公交通勤空间结构等问题；利用手机信令数据研究城市人口分布、空间结构、商圈影响力、居民出行距离等；利用居民活动GPS数据分析城郊居民日常活动时空特征；利用社交网络位置数据和签到信息研究城市用地功能与混合度、城市发展边界、城市活动区域划分、城市网络信息空间结构；利用百度、高德迁徙数据研究城镇体系、居民黄金周旅游行为等。

这一领域的相关研究还包括：盛强、杨滔、刘宁的《空间句法与多源新数据结合的基础研究与项目应用案例》，柴彦威、李昌霞的《中国城市老年人日常购物行为的空间特征——以北京、深圳和上海为例》，王德等的《个体时空行为的规律性与可预测性研究——以上海市居民工作日活动为例》等。

时空行为数据基于大数据的采集、获取和分析，是行为测度中的前沿研究。在微观层面使用者发生行为的具体内容研究测度中，目前仍然多基于现场实地观察和测度记录。

（3）眼动仪等新技术对具体行为内容的测度

时空行为大数据的测度和相关研究，可以在宏观层面上分析人群的总体行为动向，是使用者行为测度的组成部分。然而，由于本研究的侧重点是小微公共空间的适老化，相比于人群的总体行为，对老年人所关注的空间内容的测度和研究更加紧密。眼动仪、定位追踪等新技术的出现为"行为 - 感知"测度计量提供了新的思路和方法，也使得测度结果更加客观精准。

Yusuke Arai等（2017）在《开放空间中实际步行行为的注视信息分析——人们会注视迎面而来的行人的哪个身体部位》中，研究了在人和机器人擦肩而过的情形下，人能够容易识别机器人移动方向的移动设计导则。一般而言，与人互动的机器人的设计，往往会融入人的运动和感觉特性，让机器人表现得像人一样。

国内也有部分学者借助眼动实验进行了空间研究，例如，李渊等的《基于摄影照片与眼动实验的旅游者视觉行为分析——以厦门大学为例》。除了眼动仪能够对人的注视行为内容进行精准测度外，借助虚拟现实技术、腕带式测速器等也可以对行为感知进行测度，例如叶宇等的研究[1]。

Erkan Ilker 研究了性别、年龄、受教育程度和空间高度等对认知过程及导视行为（wayfinding behaviours）的影响，并运用脑成像方法研究对建筑设计的启发。实验中利用虚拟现实眼镜和脑电对参与者的导视行为进行分析。脑电被测度的目的是用来量化评估大脑的电活动，研究进行了物体 - 空间匹配测试来确定放置在空间中的不同物体被参与者观察到的时间点。研究表明，导视行为除了受到空间规划方位的影响外，还与参与者本身的个人和社会特点有关，空间的高度也影响导视行为。

Tetsushi Ikeda 等（2014）在研究中针对目前传感器在环境中已经能够可靠地检测人的当前位置，但很难识别其个人身份信息，在精确位置估测方面，仍然存在一定难度。提出了在环境中运用激光测距仪将可穿戴式加速度计和脚步追踪结果相结合的方法。

除此之外，行为（尤其是体育活动行为）的发生强度可通过佩戴腕带式测速器进行测度和基于此的强度等级划分。Jaana I. Halonen 等研究了在老龄工人群体中，社会经济劣势和社区绿化水平与测速器测度的休闲时间、体育活动相关联。其中，老龄群体的体育活动通过佩戴腕带式测速器进行测度，将测度结果分为全部体育活动、轻度体育活动（LPA）和中度 - 剧烈体育活动（MVPA）。这些测度数据与社会经济劣势和邻近地区（以家为中心 750 m×750 m 范围内）的绿化水平进行关联，广义线性模型根据可能的干扰因子进行调整。

另外，借助深度学习可以对行为模式进行研究。李力、韩冬青、董嘉在《基于深度学习的公共空间行为轨迹模式分析初探》中提出了基于卷积自编码神经网络的行为轨迹聚类算法。新技术的运用能够提升"行为 - 感知"测度的科学性和精准度，但需要注意的是，在实际研究中，老年人对于不同新技术的可接受度是需要纳入考量范围的。

[1] 叶宇, 周锡辉, 王桢栋. 高层建筑低区公共空间社会效用的定量测度与导控 以虚拟现实与生理传感技术为实现途径 [J]. 时代建筑,2019(6):152-159.

6.3.3 对老年人在空间中"行为 - 感知"的定量测度

在涉及老年人"行为 - 感知"的空间适老化研究方面，国内起步比较晚。与国外研究相比，国内学者在探索空间与老年人"行为 - 感知"的关联过程中，更加倾向于采用定量的方法，通过数据采集和基于此的量化分析，为空间的适老化设计提供科学且可行的指导。其中，包括但不限于以下前瞻性探索。

徐文飞、董贺轩在《健康城市视角下的社区公园空间适老性研究——基于 SEM 量化分析》中以武汉市 8 个社区公园为例，基于 SEM 数据量化分析，研究了社区公园空间与老龄群体交往活动的关联机理。量化数据主要通过调查问卷获取，调查问卷主要包括老年人对公园空间形态布局、到达方便性、功能满意度、物理环境舒适度、对人的满意度和人际交往活动的满意度，每个变量下又会有相应子变量的满意度。在此基础上，通过在软件 SPSS21.0 中录入调研所得满意度数据，再结合软件 Amos24.0，得到适配模型。然后，基于社区公园规划设计与人群活动，对老龄群体健康交往活动总体满意度作出判断。

李昕阳等在《城市老年人、儿童适宜性社区公共空间研究》中基于社区公共空间的现存问题，通过对天津市 5 个社区发放问卷、小组访谈、观察、行为地图等方法，收集了老年人、儿童的主观空间认知、活动需求、环境偏好数据，用二元和多元的统计方法量化分析老年人、儿童的主观评价、活动需求、环境偏好的趋同性和差异性。最后结合居住区规划、景观等设计理论提出适宜性社区公共空间建构策略。

张子琪、王竹、裘知在《乡村老年人村域公共空间聚集行为与空间偏好特征探究》中通过行为平面方法，从乡村老年人在村域公共空间的分布特性切入，分析了老年人的聚集现象，为乡村老年建设实践提供认知特性、引导设计从而为规避偏差提供参考。李庆丽、李斌在《养老设施内老年人的生活行为模式研究》中亦采用行为观察法，对上海市 3 家养老设施内 195 位老年人进行生活实态的调查。在此基础上，研究了老年人的生活行为内容、行为空间分布等，探讨提高老年人生活品质的养老设施规划设计原则。洪毅、林金丹在《广场舞场地的适老化设计——基于泉州地区的实态调研分析》中通过对城市居民，特别是老年人在不同场地开展广场舞活动的研究，分析场地环境对广场舞活动人群的行为产生的影响，总结出广场舞活动场地的设计要点。

张倩等在《基于老年人行为的既有住宅餐厨空间光环境评价及优化研究》中，基于老年人在特定室内空间中的行为进行了空间优化研究，以既有住宅餐厨空间为研究对象，通过问卷调查、实时定位、实态测试等多种方式获得老年人餐厨行为规律和餐厨空间光环境使用现状，以老年人的餐厨行为需求为出发点，明确既有住宅餐厨空间光环境改善的关键点，并提出具体的优化策略，为改善既有住宅餐厨空间提供指导和参考建议。

天津大学无障碍通用设计研究中心在无障碍设计教材编著和无障碍设计专业课程开展方面进行了前瞻性探索。无障碍研究中心学者亦进行了关于老年人"行为 - 感知"的研究。比较典型的包括贾巍杨、王小荣、王羽的《无障碍人体尺度实验比较研究与居住空间设计应用报告》等。除此之外，天津大学还开展了以既有住区适老化改造为主题的建筑设计教学。

在空间适老化研究领域中涉及对老年人行为感知定量测度的典型研究还包括：李佳婧、周燕珉在《失智特殊护理单元公共空间设计对老年人行为的影响——以北京市两所养老设施为例》中，通过对北京两个空间布局相异的失智老年人特殊护理单元中公共空间的调研，在调研日通过连续记录和拍照的方法，记录了老年人对公共空间的使用方式与行为，并对各空间老年人的活动人数进行统计。对比分析后发现，公共空间中的空间布局、家具细节、空间氛围、物理环境等环境因素对老年人的空间利用、交流行为、活动开展等行为均会产生影响。最后对失智老年人护理机构公共空间环境设计提出了相应建议。

徐怡珊等在《老年人时空间行为可视化与社区健康宜居环境研究》中，基于2016—2017 年西安老年人行为轨迹数据与活动日志调查，运用便携式 GPS 轨迹记录仪记录社区老年人日常活动行为轨迹，最终得到有效样本 30 个。基于采集获取的数据对老年人行为规律特征进行分析，归纳了社区健康宜居环境五大规划核心要素：活动类型更具多样性、活动距离更具可达性、活动时段更具健康性、活动频率更具参与性、空间环境更具安全性。并从规划理念与规划实践两方面提出研究结论，为社区健康宜居环境规划建设提供研究支撑。

综上所述，由于老年群体的特殊性，对老年人"行为 - 感知"的测度以访谈问卷调查和行为观察记录为主，同时可基于老年人的可接受度，借助新技术方法对老年人的行为感知进行精准测度。基本方法路径是：基于老年人在空间中"行为-感知"的测度，发现并归纳其中规律，分析空间提升改善的方面从而为空间的适老化设计提供参考依据和科学思路。本研究的研究对象为城市小微尺度公共空间，空间尺度和范围极小，对行为轨迹的记录不作为研究的重点，具体的行为内容以及行为的发生与空间本身的关联才是研究的核心，在研究中仍需以行为持续观察记录和感知问卷测度调查作为主要的方法。

6.4 小微空间·适老化——营建实践与质性融合

小微尺度公共空间的适老化研究是小尺度公共空间研究和城市公共空间适老化研究的交集。本节从小尺度公共空间的国内营建实践与适老化研究、城市公共空间适老化研究中量化研究与质性研究的结合两个层面对其进行梳理、归纳。

6.4.1 小尺度公共空间的国内营建实践与适老化研究

城市中的小微尺度公共空间与老年人的日常生活有着紧密的联系，是老年人使用程度非常高的城市日常公共空间类型。小微尺度公共空间在近些年开始被逐渐关注，国内部分城市进行了小尺度公共空间的营建实践，部分学者对小尺度公共空间的适老化进行了前瞻性研究，这些实践和研究对本研究的开展具有启发和借鉴意义。

1. 小尺度公共空间的国内营建实践

近年来，小尺度公共空间在城市公共生活中的角色和作用被逐渐重视。国内部分城市进行了小尺度公共空间的营建实践，这其中主要体现在口袋公园的建设层面。河北、武汉、青岛等地均着力推动了口袋公园的营建。

同时，青岛推动了《青岛市城市微空间利用及设计研究》的编制工作。通过专业设计与改造，将这些隐藏在城市角落中的，长期以来被忽略、被废弃的小尺度空间转变成人们日常活动的载体，既实现了土地资源的精细化利用，又激发了城市公共生活的活力。

在国内开展小尺度公共空间营建实践的当下，面对我国日益加剧的人口老龄化，对小尺度公共空间的适老化研究实际也迫在眉睫，基于此，笔者对国内外涉及小尺度公共空间适老化领域的研究与探索进行了梳理和分析。

2. 国内小尺度公共空间的适老化研究

随着城市小尺度公共空间关注度的提升，国内对于小尺度公共空间的适老化研究进入逐渐关注和探索的阶段，尽管相关研究较少，但部分前瞻学者在这一领域的研究为后期工作的开展提供了重要的借鉴参考。

城市层级小尺度公共空间指的是地域指向性不具有明显倾向的、散布于城市各个角落的小尺度公共空间。换言之，不涵盖位于封闭小区内部的、主要为本小区居民使用的小尺度公共空间，或者位于开放社区内部且大部分受众仅为社区居民的社区层级公共空间。对城市层级小尺度公共空间的适老化研究已开始逐渐被学者们关注，但该领域的研究仍然较少。比较典型的研究包括甘翔（2014）的《老龄化社会中城市小型公园的设计研究》，研究认为小型公园的建设与老年人的特点有着某种天然的联系，这种联系使得小型公园不仅在适老性上有着独特的特点，也对城市形象、城市的生态环境的保护有着积极的意义。小型公园不仅建造经济、使用便捷、利用率高，在空间尺度上也容易实现，较为符合宜人的尺度，人们对小空间也有着某种天然的依赖。不仅如此，小型公园有着城市大型公园无法达到的优势，更加适合现代人，尤其是老年人的生活方式和活动尺度。

金俊等（2015）在《基于宜居目标的旧城区微空间适老性调查与分析——以南京市新街口街道为例》研究中指出，中国城市旧城区人口密度高、建设强度大、绿化用地少。微空间（小型外部公共空间）因其分布密度较高、与城市生活结合紧密、使用便利的优点，深受老年人的欢迎。微空间适老性的提升是实现城市宜居目标的重要途径。

口袋公园存在于城市各个角落：街角、街边、建筑半围合处等，是城市层级小尺度公共空间的主要存在形式。张熙凌（2020）在《城市口袋公园老年群体满意度评价及优化策略研究——以重庆市渝中半岛为例》中将渝中半岛的口袋公园分为微绿地型、微广场型和机会空间型三个大类，选取具有不同特征的口袋公园作为实地调查展开地，通过实地调查和问卷相结合的方式，对三种不同类型口袋公园的场地特征进行了分析，并对口袋公园内老年人活动状况进行了实地调研与分析，掌握了不同类型口袋公园内老年人的活动规律。编制调查问卷和确立评价指标，对渝中半岛口袋公园中的老年群体进行问卷调研，通过 IPA 分析法对现有口袋公园进行满意度分析。得出老年人对不同类型口袋公园中空间要素、景观要素、设施要素、适老性要素和管理要素的满意度情况，并得出三种类型口袋公园存在的问题。在此基础上，提出了山地城市口袋公园的设计提升原则。

小尺度街巷空间亦是城市层级小尺度公共空间的典型代表。王樾（2020）在《街巷公共空间适老化更新策略研究——以安定门街道为例》中选取街巷公共空间作为研究对象，基于老年人生理、心理等需求，通过实地调研与观测，寻找街巷设计元素与老年人活动之间的关系，结合老年群体的需求提出更新原则。

以上是学者对城市层级小尺度公共空间的适老化研究。本研究的研究对象为旧城区城市层级户外小微公共空间（即不包含社区内部的户外小微公共空间）。然而，截至目前，可检索到的与城市层级小尺度公共空间适老化相关的中文文献十分有限，国内对于城市层级小尺度公共空间适老化的关注处于亟待提升的初步探索阶段。

与城市层级小尺度公共空间不同，位于居住区或者开放社区内部的公共空间由于多为小微尺度公共空间，因而其适老化研究是较为丰富的。尽管本研究的研究对象为城市层级小微公共空间，但社区层级小微尺度公共空间的适老化研究亦应作为重要参考，也是公共空间适老化研究中不可或缺的重要组成部分。

吴岩在《重庆城市社区适老公共空间环境研究》中选择具有多样性、差异性、代表性和兼容性的老年群体作为研究对象，对其日常活动和空间需求进行研究，并结合重庆的地域特点，对社区适老性公共空间环境的发展背景、要求及特点、发展模型及设计策略等进行归纳总结，从而指导实践。

赵之枫、巩冉冉在《老旧小区室外公共空间适老化改造研究——以北京松榆里社区为例》中采用观察法、行为轨迹法和问卷调研的方法，对松榆里小区的街道、公园及庭院空间进行实地调研，分析当前老旧小区室外公共空间存在的不适合老年人使用的问题，从微空间再生、室外公共空间功能复合、低利用率庭院空间优化三个方面，提出老旧小区适老化改造策略。其他研究还包括：于家宁、张玉坤、黄瑞茂、张睿的《社区营造模式下的社区户外空间适老化更新——以台湾地区新北市正德里友善巷弄营造为例》；周洋溢、王江萍的《基于老年人的旧城区游憩空间网络构建——以徐家棚街为例》等。

6.4.2 城市公共空间适老化研究中量化研究与质性研究的结合

在城市公共空间的适老化研究中，往往容易将质性研究与量化研究对立起来。或者认为量化研究只知其然而不知其所以然，缺乏主观积淀和基本的人本立场；或者认为质性研究关注个例，主观性强，难以确保研究的科学性，对设计的指导笼统且泛泛。然而，对于空间的适老化研究，实际需要将质性研究与量化研究相结合，并贯穿于研究的整个过程中，使二者相辅相成。

本研究的研究主题为基于"行为 - 感知"测度的旧城区户外小微公共空间适老化研究。虽然量化研究是研究过程中必不可少的组成部分，但质性研究仍需作为重要的研究基础和组成。基于此，笔者剖析了空间适老化研究领域中，将质性研究与量化研究进行多维融合的典型研究过程和研究方法。

耿竞在《大数据环境下老城区公共服务设施空间分布的适老性评价——以北京市安定门街道为例》中以北京市老城区安定门街道为例，借助 ArcGIS 对老城区适老性空间下的公共服务设施空间分布进行指标构建及可视化表达（量化研究：解决问题），为老城区公共服务设施的优化配置提供依据。

陈雪娇在《城市老旧社区外部空间的适老性分析及改造设计研究》中以哈尔滨市花园街道辖区为案例，研究了哈尔滨市老旧社区外部空间适老性改造问题。调研花园街道辖区外部空间的分布特征及使用情况（质性研究：基础调研），调研老年人户外活动类型、人数、时段及人群特征（量化研究：记录数据），总结老年人户外活动的影响因素（质性研究：因素归纳），根据外部空间与影响因素的相关性分析（量化研究：数据分析）确定影响因素对外部空间的作用程度大小，运用空间句法分析影响外部空间的规划布局因素，如可达性等，并实地调研验证分析结果（质性研究：结果验证）；运用日照模拟及实地调研分析影响外部空间的环境质量因素，如日照落影、地坪高差、景观质量等（量化研究：数据分析）。根据分析结果明确外部空间适老化改造的主要方向（质性研究：提出建议）。

胡惠琴、赵怡冰在《社区老年人日间照料中心的行为系统与空间模式研究》中针对目前社区配套设施尚不能支撑"居家养老"的现状，以社区日间照料中心的构建为主要解决途径，通过住居学的视角和场所体验的分析，探讨了社区日间照料中心的设计方法，提出了使用者的行为系统与设施空间对应的设计模式（质性研究：设计分析），从而将使用者与空间环境、服务项目三者有机地结合在一起。研究提出"场所体验反映了使用者对一个场所的评价、感受、情绪等，一个好的场所体验应是'熟悉的''舒服的''人性化的'，而不是'混乱的''不友好的'或是'恐惧的'"。这一论述实际对旧城区小微公共空间同样适用，旧城区小微公共空间的适老化研究亦需要将使老年人获得良好的场所感知和体验作为核心目标。

除此之外，胡惠琴、胡志鹏在《基于生活支援体系的既有住区适老化改造研究》中围绕居家养老的实现，从可持续居住的视点出发，通过实地调研归纳总结既有住区存在的居家养老的障碍，以及老年人对居住空间与社区照料设施的需求（质性研究：基础调研／发现问题），以此为依据对既有社区应有的养老配套设施（硬件），以及生活支援服务体系的结构、内容（软件）等提出建议。研究抽取了北京市城区40个既有居住小区进行了调研，包括从20世纪50年代的单位大院到20世纪80和90年代的商品房。通过发放问卷，了解老年人选择养老方式的意愿和对社区内现有配套生活设施的使用情况以及评价。基于调查问卷数据，对居民选择养老方式情况、选择居家养老方式的原因、北京市居住区级和居住小区级适老性设施配建情况、配有上门照顾服务情况、设置医疗救护站情况等进行了定量统计和分析（量化研究：数据分析）。

在适老化研究中，将质性研究与量化研究相结合，或者更偏重质性研究的空间适老化研究还包括：程晓青、李佳楠的《人因工程学视角下建筑适老化设计理念解读》；谢波、魏伟、周婕的《城市老龄化社区的居住空间环境评价及养老规划策略》；曲翠萃等的《基于行为需求的天津适老性社区室外环境设计策略》；张冬卿、陈易的相关研究等。

在空间适老化研究综述层面，李欣、徐怡珊、周典在《国内老年宜居环境的学术研究与设计实践》中，对讨论老年宜居环境的论文（发表于1962—2014年）进行了梳理分析。其中，在"老年宜居环境的学术研究"一节中对"养老户外环境研究"进行了论述。作者指出养老户外环境研究的"研究内容主要集中在住区养老环境、城市养老环境两个方面"。在研究展望中作者认为"老年宜居环境应开展多视角、多维度的研究。将物质空间与社会空间中关于老年宜居环境的构成要素结合起来进行综合分析，将定性研究和定量研究以及与其他交叉学科的研究进行有机结合，通过分析在动态变化的社会空间和物质空间中老年人的行为表象，探求老年人的行为规律及其与空间环境的互动关系，把握适应老年宜居环境体系构成要素的变化特征"。

本研究将定性研究和定量研究相结合，基于"行为 - 感知"测度挖掘老年人在旧城区户外小微公共空间中的行为感知规律及其与空间环境的关联，进行空间适老化研究，属于城市养老环境层面的研究。

综上所述，在空间适老化研究中，质性研究和量化研究在研究过程中是相辅相成的，质性研究主要存在于发现研究问题、现场实地调研、空间要素筛选、设计策略导则制定等过程环节中。

小微公共空间适老化内涵解析、类型划分与实证路径

在基于"行为-感知"测度的小微公共空间适老化研究开始阶段，首先，需要对小微公共空间的适老化内涵进行解析，明确研究开展原因和基本构成。其次，以天津市为例，对旧城区小微公共空间进行了系统的实地调研和拍摄记录，基于调研获取的一手资料，根据建筑构成学原理和类型学理论，对小微公共空间的形态类型进行基础划分，完成旧城区户外小微公共空间的基础性研究，同时为下一步基于"行为-感知"测度的典型类型小微公共空间适老化研究打下基础。最后，剖析和分解具体实证研究的路径逻辑，完成基于"行为-感知"测度的小微公共空间适老化研究的铺垫和准备工作。

基于此，本章按照旧城区户外小微公共空间的"空间适老化内涵解析—实地调研与类型划分—实证路径剖析和分解"这一思路层层展开。

7.1 空间适老化内涵解析

7.1.1 小微公共空间之于旧城区公共生活的意义

以"城市针灸"为理念的微改造和微更新是解决城市更新问题的有效手段之一。城市针灸强调细致而微小的介入措施，通过激活各个小微尺度的公共空间，实现激发整个片区活力的目的。将小微公共空间真正融入旧城区的整个公共开放空间系统，对于旧城区的活力复兴具有重要价值。

7.1.2 小微公共空间在适老化方面存在的问题

经过实地调研发现，旧城区小微公共空间在适老化方面存在诸多问题。正如建筑设计需要强调"全方位人文关怀"的本原设计观，旧城区小微公共空间的适老化亟须引起关注。存在的问题主要包括以下几个方面。

第一，整体环境品质不佳。环境品质是老年人对小微公共空间的基础要求，也是决定小微公共空间老年人使用体验的重要因素。但是，受旧城区整体环境品质的影响，调研的旧城区小微公共空间中，环境品质极好的空间个案较少，大部分小微公共空间的环境并不理想，主要表现在基础设施陈旧破损、休闲设施欠缺、植被绿化缺乏、功能使用混乱等，导致整体空间环境品质和空间的基本体验不佳。

第二，适老化设计欠缺或者用作他用。旧城区部分小微公共空间的无障碍设计较为欠缺，有些小微公共空间尽管存在无障碍设计，但实际使用中这些设计没有发挥它们的作用。比如，路边路缘石的坡道设计，本是为方便坐轮椅的人在机动车道和人行步道间无障碍通行而设计和建造的，却给机动车在人行步道占道停车提供了便利，甚至有些机动车正好停在了堵住坡道的位置。盲道的实际使用情况更为糟糕，街道两旁人行步道中的盲道经常出现"障碍物丛生"的现象：随意停放的共享单车、步道上的井盖、街边摊位等都可以轻易侵占盲道。

除此之外，人行步道铺地的设计在适老化方面也未见十分妥帖，主要表现在使用了容易产生沉降不均匀的铺地材料。在夏季多雨季节，人行步道凹凸不平很容易产生雨水积聚，而待积聚的雨水慢慢渗透后，步道铺地便容易出现高低不平的现象。由此形成的人行步道铺地的微小高差，尽管可能并不明显，但正因为其存在的不明显，很可能会为老年人的日常步行活动带来潜在安全隐患。在这种情况下，很多老年人宁愿在机动车道靠近路边的地方行走也不愿在街道两旁的人行步道上行走（有时是由于人行步道被占据不得不在机动车道边缘行走），这样又会带来人车混行的交通安全隐患。综上所述，在机动车和共享单车随意停车占道的情况下，老年人可以通畅步行的空间已被压缩至所剩无几的程度。

第三，空间设计与行为感知需求不匹配。这是旧城区小微公共空间在适老化方面存在的更深层次的问题，也是本研究着力研究和探讨的问题。问题一和问题二是旧城区小微公共空间在适老化方面存在的基础性问题，其指向性和改进优化的方法都比较明确。而在对旧城区小微公共空间进行长时间的持续观察后，我们发现，对于很多小微公共空间而言，老年人在空间中的感知和发生的行为都与空间本身的设计意图并不匹配。这实际才是在基础性适老化问题解决之后真正需要去探索和研究的问题。

换言之，更深层次的适老化并不只是空间设施陈旧就更新设施，或者空间缺少绿植就增加栽绿植这么简单，而是老年人在空间中感知到了什么，空间本身的哪些因素触发了老年人的这些感知，以及如果我们期待通过设计使老年人在空间中产生某些感知，有何科学且易落地的设计方法。同理，对于老年人在空间中发生的行为，需要深入研究老年人在空间中到底发生了哪些行为，空间本身的哪些特征会影响不同行为的发生，我们期待老年人在空间中发生哪些行为，以及可以通过怎样的设计手法来引导这些行为的发生，同时在设计中为行为的发生提供哪些相应的物质空间基础。

7.1.3 以使用者为核心的空间适老化原则归纳

以使用者为核心的小微公共空间适老化研究，需要基于老年人的心理特点和生理需求，归纳以使用者为核心的小微公共空间适老化设计原则。基于此，要先对老年人的生理特点和心理需求进行分析。

1. 老年人的生理特点和心理需求

（1）生理特点

随着年龄的增长，老年人的体力开始下降，其在心理、生理、行为方面发生了变化，随之而来的是他们对环境的感知力、判断力和适应力的变化。

进行小微公共空间的适老化研究，首先应该考虑老年人的身体状态特征。老年人由于年龄较大，身体机能会出现一定程度的退化，典型的包括：记忆力下降，视觉、听觉等"五感"敏锐度下降，身体活动强度和幅度减小等。具体涵盖以下几个方面。

① 老年人对于空间的辨识度下降，对空间的记忆与认知会变得不太清晰，容易在不太熟悉的空间环境中迷路等。

② 对空间中各类标识的感应灵敏度下降，视力退化导致无法识别某些字较小的标识，容易忽视某些"不太显眼"的警示标识（如高差提示等）。同时，不太容易识别出空间中的障碍物，比如局部凹陷的地面或者单级的台阶等。这些会使老年人在空间中的活动行为存在潜在的危险。

③ 听觉机能的下降使得老年人对空间中的交通声并不敏感，比如老年人在路边行走时，有时会行走在机动车道上，如果听不到后侧飞驰而过的机动车或者非机动车发出的行驶声音，则会导致无法及时避让。另外，老年人在空间中发生交往行为时，如果周围噪声比较大，容易在交流过程中出现因听不清楚而发生交流障碍的情况。

④ 老年人日常运动时，运动量和运动幅度都会有一定的限度，比如散步、遛狗、

跳广场舞等是老年人常见的锻炼活动，长时间的剧烈运动一般不适合老年群体，同时，老年人的骨骼特点决定了摔跤、绊倒等可能会对其造成比较严重的后果。除此之外，部分身体机能下降的老年人会出现弯腰、下蹲、上台阶行动困难的情况。

⑤ 喜爱阳光充足、自然通风的环境是老年人的典型生理特点。除了炎热的夏季，老年人一般喜欢在阳光充沛的空间中停留和活动，自然适宜的通风环境也会使空气更加新鲜。由于老年人身体机能的下降，老年人对室外气候环境的要求更高，一旦环境中出现负向情况，老年人更倾向于将活动地点改为室内。

（2）心理需求

老年人在小微公共空间活动过程中的心理需求，主要包括以下几个方面：安全感需求、与外界的交往需求、私密感需求和归属认同感需求。

① 安全感需求是老年人在小微公共空间中的基本心理需求。老年人很少会在心理安全感较低的空间中长时间停留或者进行一些活动。比如，时常有车辆飞驰而过的车行道及其毗邻空间、地面铺装容易打滑或者凹凸不平的空间，以及昏暗逼仄的角落等。

② 实现与外界的交往是老年人来到小微公共空间并且在这里停留活动的重要的原因。交往需求既包括坐歇、观察路人、围观他人活动等低强度的被动交往需求，也包括聊天、下棋、打牌等主动交往需求。交往需求是老年人在日常参与城市公共生活、实现与外界沟通的过程中获得支持感和满足感的重要心理需求。

③ 私密感需求是针对老年人在小微公共空间中的部分活动而言的，比如老友之间的坐歇聊天等。一般而言，老年人在空间中对私密感的需求并不强烈，只有在特定活动中，他们不希望被打扰或者不想成为视线焦点时，才会产生较为强烈的私密感需求。在设计空间时，可以通过绿植、高差等将部分空间作适当分隔，同时通过设计手法加强空间的私密性和领域感。

④ 归属认同感需求是老年人在小微公共空间中期待获得的一种综合的高层级的心理需求。旧城区中的老年人往往在这里生活了很长时间，见证了这里的时代变迁和发展，拥有关于空间的共同的时代记忆。在设计中，归属认同感需求的满足基于"细致而有温度"的设计，比如保留唤起老年人共同记忆的空间"印记"、满足老年人身体和行为特征的细节设计等。

2. 以使用者为核心的适老化设计原则

基于老年人的生理特点和心理需求，以老年人为核心的空间适老化设计需要从老年人的实际空间使用体验出发，遵循下面四个设计原则。

（1）关注老年人的空间需求而非设计形式

户外小微公共空间的适老化评价中，应把对老年人实际需求的满足放在首要位置。设计的前沿性与观感固然重要，但从老年人的行为感知需求出发，立足于使老年人获得优质空间体验的设计，对于小微公共空间来说才是重要的。设计中微小的改变或者不合适都可能会给老年人的日常户外活动和城市公共生活的参与带来较大影响，关注老年人空间需求的"有温度"的精细设计是以使用者为核心的适老化设计的第一准则。

（2）侧重老年人在空间中的"五感"体验

人的五感包括形、声、闻、味、触（即五种感觉器官：视觉、听觉、嗅觉、味觉、触觉），将空间的适老化设计从狭义的"视觉"定位转变成使老年人获得良好"五感"体验的空间环境营造。在视觉、听觉、肢体活动及心理体验多个层次，致力于向以老年人为本体的设计理念转变，这种转变是城市公共空间适老化设计的必然趋势。

（3）对老年人交往行为和自发参与行为发生的引导

小微公共空间之所以不只是小微空间，是因为它承载了部分城市公共生活。以使用者为核心的适老化设计是提升小微公共空间的基本原则。通过适老化设计激活旧城区中的小微公共空间，达到"针灸式"活力提升的效果，使在旧城区中生活的老年人能够在日常城市空间使用中获得良好的体验，建立与外界的沟通和连接，对于应对老龄化问题有着十分重要的意义。

（4）以老年人为核心出发点的适老化全过程设计

以老年人等使用者为核心的旧城区小微公共空间全过程设计，要求在设计中将公众参与（包括但不限于老年人）纳入前期讨论范围，并在制定设计决策时予以重点考虑。同时，在设计过程中注重多专业的协同整体设计，在设计完成后须持续关注实际使用过程中设计意图的实现，并进行及时的反馈调整。从前期策划开始，就要将小微公共空间中的老年人空间需求纳入考量范围，并统筹规划，实现后续的设计落地。

7.1.4　基于"行为-感知"测度的空间适老化研究构成

小微公共空间无论对于旧城区公共空间体系，还是生活在这里的老年人而言，都有着重要意义。那么，如何基于"行为-感知"测度对旧城区中的小微公共空间进行适老化研究就成为本研究需要解决的关键问题。基于"行为-感知"测度的小微公共空间适老化研究主要分为三个部分：①小微公共空间的空间形态指标选取与测度计量；②老年人空间行为持续捕捉记录与感知调查测度；③空间形态与老年人行为和感知的关联机制研究。在本书的空间、行为和感知研究中，尽管三项研究的侧重点不同，但每项研究都主要由上述三个部分构成，是自成一统的存在。这三个部分构成了基于"行为-感知"测度的小微公共空间适老化研究的主体。

1. 小微公共空间的空间形态指标选取与测度计量

进行基于"行为-感知"测度的小微公共空间适老化研究，首先，需要对小微公共空间进行空间形态的量化。空间形态指标能够在定量数据层面上解读空间形态现状。其次，需要针对所研究的具体小微公共空间类型，从多元角度选取可能影响其空间适老化的、容易获得且可信度较高的空间形态指标，对样本空间的形态指标进行实地调研和测度计量。最后，将测度计量后的数据结果汇总整理，完成样本小微公共空间的空间形态指标数据采集。

2. 老年人空间行为持续捕捉记录与感知调查测度

在对小微公共空间的空间形态进行数据采集的基础上，需要对空间内老年人的行为感知进行测度记录。其中，由于研究关注的是老年人在小微公共空间中的具体行为，而非通过手机信令即可获取的城市范围内的时空行为大数据，同时现有技术尚未实现对具体行为精细准确化程度的智能识别，所以，行为数据的采集需要通过拍照记录和人工识别相结合的方式进行测度。

感知数据的采集既可以采用语义分析法（又称语义差异法）通过问卷量化打分完成数据收集，亦可以借助新技术手段进行客观测度，区别在于需要基于所研究的问题灵活采用适宜方法。在完成行为感知数据采集的基础上，可通过数据分析发现老年人在小微公共空间中行为感知的特征规律。

3. 空间形态与老年人行为和感知的关联机制研究

在完成小微公共空间形态指标数据测度计量和空间内老年人行为和感知数据采集测度的基础上，进一步挖掘小微公共空间的空间形态是如何影响空间内老年人行为和感知的，即老年人行为、感知与物质空间形态之间的关联机制。在这一过程中，研究需要与统计学相关学科进行交叉，借助 SPSS 分析软件，通过一系列数据统计、分析和挖掘过程，以及对数据分析结果的现实含义和内在原因解读，在量化层面上探索老年人在小微公共空间中的行为、感知与空间形态之间的关联性。

基于空间形态与老年人行为、感知的关联机制研究，可以为以老年人为本原和核心出发点的小微公共空间适老化设计提供科学可行的参考依据，这也正是本研究开展的意义所在。

7.2 实地调研与类型划分

7.2.1 体悟城市·遇见空间——旧城区漫行记

笔者对天津旧城区与老年人日常活动密切相关的小微公共空间进行了系统详细的实地调研。首先,对调研的具体区域范围进行了量化筛选,筛选方法如下。

基于老年人日常大部分时间的活动范围在以家为圆心 500 m 范围内,研究运用 Depthmap 软件选择 R=500 的半径对天津市街道进行可达性度量,选用"整合度"表示街道的步行可达性。计算出 R=500,即 500 m 半径下各个区域的整合度数值,通过调整颜色域值提取出老年人日常活动可达性最高的若干区域,即图 7-1 中的高亮区所示。在这些区域中,进一步筛选出其中的旧城区,然后完成旧城区户外小微公共空间实地调研的大致范围筛选。漫行在旧城区,真实体悟和感知小微公共空间和生活在其中的老年人。

图 7-1 500 m 半径下的整合度

(资料来源:底图地图来自"城市数据派",可达性分析为笔者自绘)

7.2.2　照片拍摄·场景记录——空间形态调研

在漫行的过程中，对旧城区小微公共空间进行空间形态调研。以下以咸阳路片区为例对调研过程进行简要概述。

在进行实证调研之前，首先在百度地图上对调研路线进行大致规划，路线规划的原则是尽可能多地经过能够在地图中识别的小微公共空间。但在实际调研过程中会发现，由于地图与实际空间的差距（有些典型小微公共空间在地图中是无法识别的）以及其他一些现实因素，需要对既有规划路线进行调整、修正。基于实际调研路线对调研结果的重要性，我们运用"行者"等路径追踪软件对实际调研轨迹进行了记录。图7-2为借助百度地图的部分调研路线规划与对应的实际调研线路轨迹追踪。同时对调研过程中观察到的城市小微公共空间进行了照片拍摄，结合拍照软件本身对于拍摄地点的定位功能，能够更加清楚地对调研过程进行记录。

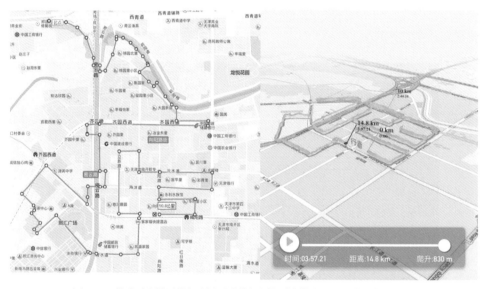

图7-2　借助百度地图的部分调研路线规划与对应的实际调研线路轨迹追踪

（资料来源：笔者自绘）

7.2.3　空间形态类型划分依据的讨论

在实地调研基础上，笔者根据建筑构成学原理和类型学理论，对旧城区小微公共空间进行了类型形态划分。坂本一成等在《建筑构成学——建筑设计的方法》中提出"构成的概念不仅适用于建筑，还适用于多种多样的不同对象"。对于建筑来说，"构成材、内部空间、外形、外部空间是建筑构成的各个层级"，而"地面、墙面、顶面这些构成材则组合成了建筑中最基本的房间（室）"。

小微公共空间作为城市公共空间体系中最基础的层级和最具象的空间类型，如果仅以每个空间的具体功能或形状描述进行划分，对于很多小微公共空间而言容易产生类别模棱两可、含混不清的状况。基于此，结合建筑构成学和类型学相关理论研究，以小微公共空间的基本"构成材"——空间边界作为其形态类型的基础划分。

7.2.4 空间边界的种类与组合方式

在调研的旧城区户外小微公共空间中，空间边界主要包括建筑边界、街道边界和水体边界三种（并非每个小微公共空间都存在全部明确的边界，有些虚边界只能通过使用者的心理领域感来确定，本研究不对此进行讨论，研究只限定于明确界限范围的边界）。其中，部分小微公共空间不只包含了一种空间边界，如既有建筑边界又有街道边界，既有街道边界又有水体边界。以边界为划分依据对小微公共空间的形态类型进行梳理后发现，以下五种边界状态涵盖了笔者调研的几乎全部小微公共空间（图 7-3）。

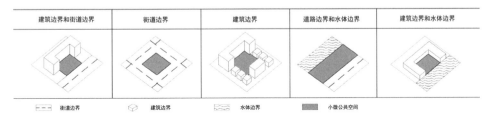

图 7-3 以空间边界作为小微公共空间形态类型的基础划分
（资料来源：笔者自绘）

在基于此对空间形态类型进行划分和区别后，不同类型的小微公共空间能够具备区别于其他类型小微公共空间的明显的形态特征，如只存在建筑边界的体量建筑围合型小微公共空间与同时存在建筑边界和多街道边界的街角小微公共空间等，能够为后续以典型类型小微公共空间为具体研究对象的空间行为感知研究的开展奠定基础。

7.2.5　以边界为基础的形态类型划分

1. 具有建筑边界和街道边界的小微公共空间

具有建筑边界和街道边界的小微公共空间主要是指街道两侧或者街道转角位于街道与临街建筑体量之间的小微公共空间。这类空间是旧城区小微公共空间中的一类重要组成，依据空间与边界建筑体量是否产生密切的空间关联，又可将这类空间分为建筑外部延展空间和街道附属空间。图7-4为基于空间与建筑体量和街道的关联。

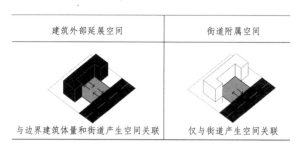

图7-4　基于空间与边界建筑体量和街道的关联
（资料来源：笔者自绘）

（1）建筑外部延展空间

坂本一成等在《建筑构成学——建筑设计的方法》中讨论了"住宅中由地面、墙面、顶面围合出的室组成内部空间的构成形式"，"屋顶和藤架形成的敞廊，飘浮的悬挑楼板形成的阳台，以及由地面架空形成的空间等，都是能够遮风挡雨、调节环境的外部空间，对于住宅也是必不可少的"，坂本一成将这些空间称为"建筑化的外部"。并进一步阐释道，"内部与外部之间的分隔与联系的特性被称为'阈'。窗和门是一种阈的要素，而被建筑化的外部是空间属性上外部和内部之间的阈"。

在笔者调研的旧城区户外小微公共空间中，同样类似"建筑化的外部空间"的城市小微公共空间，它们既存在建筑边界也存在街道边界，虽处于城市中（建筑内部空间以外），但与所贴附的建筑产生非常密切的空间关联，具备建筑内部空间与外部空间之间"阈"的特性。如小型临街商业建筑的室外摊位空间、大型商业综合建筑体的室外领域空间、机关学校等公共建筑的入口空间、临街居住建筑首层向外开窗所形成的商业等候售卖空间等，我们将这一类型的城市小微公共空间称为建筑外部延展空间。

根据与空间产生联系的建筑体量是否占据了其所在的整个建筑体量，可将建筑外部延展空间分为与整个建筑体量产生联系的空间和与建筑体量中的一部分产生联系的空间。而后者又可基于空间和建筑体量之间联系的密切程度——是否可通过空间进入建筑体量，分为与建筑体量的一部分产生直接联系和与建筑体量的一部分产生非直接联系两类。

（2）街道附属空间

在包含建筑边界和街道边界的小微公共空间中，除了以上提到的建筑外部延展空间外，还存在一类仅与街道边界产生空间关联，不与建筑边界产生空间关联的小微公共空间类型。这类空间的边界建筑体量对小微公共空间本身而言仅起到限定空间边界的作用而未在实质上与小微公共空间产生任何关联，如居住建筑山墙与街道之间的小微公共空间。这类仅与街道产生紧密空间联系的小微公共空间为街道附属空间。根据与空间产生关联的街道是否单一，可将街道附属空间进一步划分为与单一街道产生空间关联和与多个街道产生空间关联两类（图 7-5）。

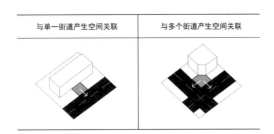

图 7-5　基于与单一街道或多个街道产生空间关联
（资料来源：笔者自绘）

与单一街道产生空间关联的街道附属小微公共空间位于街边，包括街边小游园、凹入小广场等。与多个街道产生空间关联的小微公共空间位于街道交叉口，包括老年人自发汇集形成的街角空地休闲空间、街角绿地小游园等。根据与空间产生关联的街道交叉口特征分为正交和斜交两类，各自又可进一步分为三岔、四岔和五岔（图7-6）。

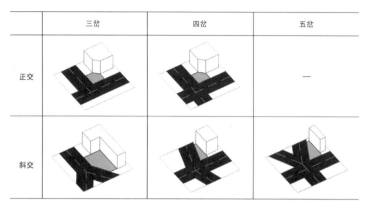

<table>
<tr><td></td><td>三岔</td><td>四岔</td><td>五岔</td></tr>
<tr><td>正交</td><td></td><td></td><td>—</td></tr>
<tr><td>斜交</td><td></td><td></td><td></td></tr>
</table>

图 7-6　基于与空间产生关联的街道交叉口特征

（资料来源：笔者自绘）

2. 仅具有街道边界的小微公共空间

仅具有街道边界的小微公共空间是城市中被若干街道隔离出的小微公共空间类型。根据空间上部是否存在道路（高架交通）边界可将其进一步分为顶部遮蔽和无顶开敞两类（图 7-7）。

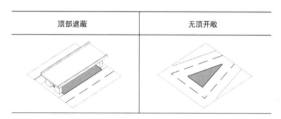

顶部遮蔽	无顶开敞

图 7-7　基于空间上部是否存在道路（高架交通）边界

（资料来源：笔者自绘）

3. 仅具有建筑边界的小微公共空间

城市中仅具有建筑边界的小微公共空间，是建筑围合的城市小微公共空间类型。基于本书只讨论允许公众进入的空间类型，这类空间包括了大学校园和开放厅舍的内院，以及各类复合公共建筑的内院空间。依据围合空间的边界建筑体量特征，可分为单一大体量建筑围合型和复合多体量建筑围合型。根据建筑与空间的关联程度，又可分为与建筑体量产生空间关联和与建筑体量无空间关联两类（图 7-8）。

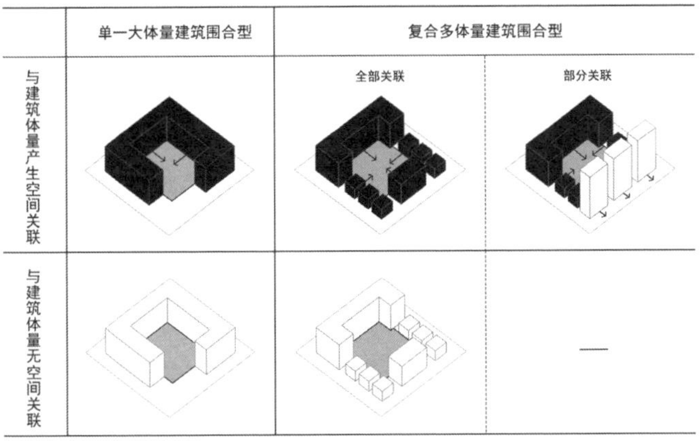

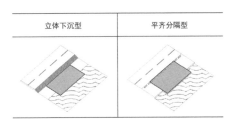

图 7-8　基于边界建筑体量特征和建筑与空间的关联程度

（资料来源：笔者自绘）

4. 具有道路边界和水体边界的小微公共空间

天津是一座沿着海河发展的城市，除海河外还有多条支流贯穿其中，而临河区域多建设城市道路，因而具有道路边界和水体边界的小微公共空间是城市中常见的小微公共空间类型。这其中，一部分空间与道路边界存在高差（以空间下沉为主），另一部分则与道路边界的高度基本持平齐，因而，具有道路边界和水体边界的小微公共空间又可分为立体下沉型和平齐分隔型（图 7-9）。

图 7-9　基于空间与道路边界是否存在高差

（资料来源：笔者自绘）

5. 具有建筑边界和水体边界的小微公共空间

除了具有道路边界和水体边界的小微公共空间以外，具有建筑边界和水体边界的小微公共空间也是城市中非常典型的一种滨河空间类型。根据建筑体量与空间本身的关联程度，又可将其分为与整个建筑体量产生空间关联、与建筑体量的一部分产生空间关联和与建筑体量无空间关联三类（图 7-10）。

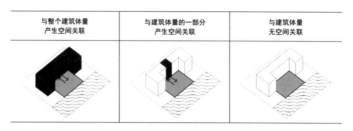

图 7-10　基于空间与建筑体量的关联程度
（资料来源：笔者自绘）

6. 生活性街道空间

除了上述不同类型的小微公共空间外，在旧城区还存在一类比较特殊的小微公共空间——旧城区生活性街道空间。

作为街道空间，它们一般建设年代久远，宽度比较窄，机动车很少经过这里，但这里成为周边居民的生活乐园，是非常典型且常见的旧城区户外小微公共空间。相比于点状或块状的小微公共空间，生活性街道空间的面积一般比较大，处于小微公共空间尺度中的 L 级别（1200~4000 ㎡）。

相对于其他形态类型的小微公共空间，本研究中生活性街道空间因其特殊性，不被纳入以空间边界为划分基础的小微公共空间体系中，而是作为旧城区中一类比较特殊的以街道形式存在的小微公共空间类型。

7.2.6　小微公共空间形态类型梳理与汇总

对小微公共空间形态类型进行梳理和汇总，如图 7-11 所示。

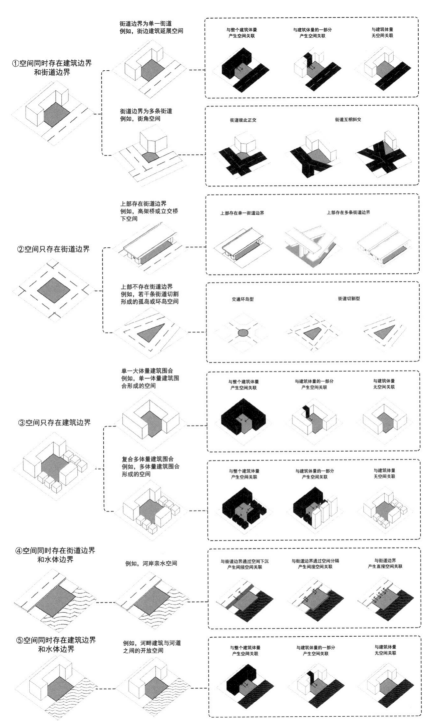

图 7-11　旧城区小微公共空间形态类型梳理与汇总

（资料来源：笔者自绘）

7.3 实证路径剖析和分解

在对小微公共空间进行实地调研与类型划分的基础上,分别在"空间-感知"和"空间-行为"层面上,对基于"行为-感知"测度的旧城区户外小微公共空间适老化进行深入研究和探索。

7.3.1 实证研究整体路径的逻辑解析

1. 实证研究的整体路径解析

基于小微公共空间的丰富形态类型和老年人在空间中的多元行为、感知,针对每种类型小微公共空间中的每种行为、感知进行研究,可以预见是很难实现且存在大量重复工作的。基于此,本研究选取典型类型小微公共空间开展以实证路径和模式方式探索为目标的基于"行为-感知"测度的旧城区户外小微公共空间适老化实证研究。

研究主要包括以下层面:第一个层面以生活性街道空间为具体研究对象,基于对街道空间形态的量化测度和老年人空间感知的测度计量,研究的是小微公共空间形态与老年人空间"感知"的关联;第二个层面以街角小微公共空间为具体研究对象,基于对街角小微公共空间形态和空间内老年人"行为"的量化测度,研究的是小微公共空间形态与老年人空间"行为"的关联机制。两个层面均致力于研究小微公共空间形态与空间内老年人行为、感知的关系,采取量化测度与质性研究结合的方式为小微公共空间的适老化提供科学可行的学术参考和依据。

2. 空间类型与研究内容的匹配度

生活性街道空间和街角小微公共空间作为旧城区普遍存在且非常典型的小微公共空间类型,具有相当程度的代表性。在"空间-感知"和"空间-行为"层面选取这两种典型类型的小微公共空间,在实证探究层面开展基于"行为-感知"测度的小微公共空间适老化研究。

老年人的空间感知更加偏重其对空间的整体印象和感觉,需要在空间中拥有一段完整的空间体验,因而生活性街道空间更加适合进行这一层面的研究;而街角小微公共空间由于是相对独立的空间环境且空间形态聚焦集中,因而更加适合研究空间内老年人的日常行为。因此，在基于"行为 - 感知"测度的旧城区户外小微公共空间适老化实证研究中对具体研究的空间类型与研究内容进行匹配。

7.3.2　基于"感知"测度计量的小微公共空间适老化实证路径

在小微公共空间形态与老年人空间"感知"层面，以旧城区生活性街道空间作为具体研究的空间类型。在研究范围内选取 10 条生活性街道空间作为样本空间，从基本尺度、几何空间、景观功能、建筑设施和活力表征 5 个方面筛选出共 35 项（可量化为数值的有 30 项）可能对老年人空间感知产生潜在影响的、能够进行计量或测度且可信度较高的空间形态指标，对样本生活性街道的空间形态进行量化层级的测度和数据收集。

在此基础上，通过语义差异法，从本能层面、使用层面和反思层面选取 40 对描述生活性街道空间感知的语义相反的词组，评价采用李克特量表 5 级分值，制作空间感知评定表。针对每条样本生活性街道，对不少于 3 至 5 位在街道空间中活动的老年人进行空间感知问卷调查，采集获取生活性街道内老年人的空间感知数据。基于数据统计，解析老年人在生活性街道中的空间感知倾向，基于空间感知倾向分析生活性街道在适老化方面可改进完善的内容。

最后，在对生活性街道的空间形态和老年人在街道中的空间感知进行测度计量的基础上，借助统计学交叉学科方法，分别将老年人在生活性街道中本能层面、使用层面和反思层面的空间感知数据与生活性街道的 5 个方面共 30 项空间形态指标数据进行皮尔逊相关性分析。基于数据分析结果，解析老年人在生活性街道中的空间感知与街道本身空间形态的关联，对生活性街道空间形态与老年人空间感知的关联研究，能够为生活性街道的适老化设计改造提供科学可行的学术指导和参考依据。

7.3.3　基于"行为"量化测度的小微公共空间适老化实证路径

在小微公共空间形态与老年人空间"行为"层面，以旧城区街角小微公共空间作为具体研究的空间类型。在符合样本街角小微公共空间选取原则的前提下，在研究范围内随机选取 74 处街角小微公共空间作为研究的样本空间。从空间构成、设施配置、景观特征和周边环境四个角度选取 15 项可能影响老年人行为的、容易获得且可信度较高的空间形态指标，采用现场实证调研勘测与百度地图等网络工具相结合的方法，对样本空间的各项空间形态指标进行了测度计量，获取 74 处样本空间的形态指标数据。

在此基础上，在天气正常（非雨天或者其他恶劣天气）的调研日，分别对 74 处样本空间内的老年人行为进行持续观察，并采用行为学中的连续取样法，以 10 分钟为一个周期，拍摄照片记录空间内老年人的行为，对每个样本空间老年人行为的持续观察记录总时长不少于 4 个小时，基于此测度提取老年人在街角小微公共空间中的行为数据，并对行为种类进行界定和编码。然后，借助统计学方法对不同行为在样本街角小微公共空间中发生的百分比和频次进行数据分析，解析老年人在街角小微公共空间中的行为特征。

最后，基于测度获取的 74 处样本街角小微公共空间的空间形态数据和老年人在空间中的行为数据，借助统计学交叉学科方法，基于"连续性变量到有序变量的转化—自变量的多重共线性检验—平行线检验和模型的统计学意义检验—有序逻辑回归分析"一系列数据分析和挖掘过程，在量化层面探索小微公共空间形态与老年人在空间中发生的单一行为，以及自发参与行为（混合行为）的关联机制。与此同时，基于面对面访谈和主观问卷调查，从老年人作为使用者的视角，解析街角小微公共空间对于老年人的吸引点和老年人对街角小微公共空间的适老化建议。

"空间-感知"：基于感知定量计量的小微公共空间适老化研究

旧城区建设年代相对久远，这里的一些街道与经过现代规划设计的街道不同，在建设之初并没有考虑会有如此大量的机动车辆，因而宽度比较窄。在城市的快速更迭变迁中，它们逐渐被大部分机动车驾驶人遗忘，即使穿过这里可以抄近道儿，也不会成为他们的首选路线。但这里成为周边街区市民的"生活乐园"，人们来这里遛弯儿，在这里买东西、停留、寒暄、交往……这些生活性街道以行人为主导，与常见的由若干条机动车道构成的快速城市道路存在本质区别，其长度往往仅延伸至一个或者两个路口，宽度更加细窄，是典型的旧城区小微公共空间。

8.1 样本生活性街道空间选取

旧城区的生活性街道众多，笔者选取了典型生活性街道空间作为样本空间进行研究。首先，界定旧城区样本生活性街道的选取原则：①生活性街道空间在地理位置上位于所选的研究范围内。②"以行人而非机动车为主导"是生活性街道的主要特征。机动车的大流量和高速度会对行人在街道中的活动产生重要影响，以"行人为主导"的选取原则并没有定量的标准，即主要以人行流量和机动车流量的相对值，依据人行流量明显多于机动车流量来界定。由于对每条样本生活性街道都进行全面细致的空间形态指标测度计量，工作量太大，所以，笔者选取了 10 条典型样本生活性街道空间进行研究。

8.2 空间适老化问题观察和归纳

待选定旧城区样本生活性街道空间后，在天气正常的调研日分别对这 10 条样本生活性街道空间进行了实地调研测度。在调研过程中，首先，以旁观者的观察视角和建筑系学生的专业视角，对样本生活性街道的街道空间和空间中的老年人进行了持续观察，初步发现街道空间的适老化问题。进行这项定性研究的目的是为之后的定量测度和数据量化分析提供质性层面的基础，同时增加除了研究本体的老年人以外的多元研究视角。

经过归纳统计，在专业而非适老化主题视角下，旧城区生活性街道在适老化方面存在以下问题：

①违规停放的机动车、共享单车占据了生活性街道原本的通行空间；

②供暖管道、电线杆或石墩等设施阻碍了人的通行；

③店铺室外延展摊位和堆放的杂物占据了原本的人行空间；

④缺乏无障碍设计或无障碍空间被占用；

⑤行道树等高大乔木缺少后期维护，影响人行道平整度；

⑥部分人行步道宽度过窄，加之对人行步道的各种占用，老年人只能在机动车道上行走，使来往的电动车、自行车和步行的老年人交织在一起，存在安全隐患；

⑦较宽的人行步道空间大多沦为停车场；

⑧缺少休息空间和设施；

⑨部分街道缺少绿化。

这些是设计者视角下旧城区生活性街道在适老化方面存在的问题，也是在以往研究中被重点探讨的。老年人作为适老化设计的本体对象，他们对生活性街道的空间感知是更需要被重点关注和分析研究的。基于此，笔者对老年人在生活性街道空间中的空间感知和空间形态对感知的影响进行了探索，以期为从老年人感知视角出发的空间适老化研究提供思路和方法。

8.3　空间形态指标选取和计量

基于对既往研究中城市街道空间形态指标的梳理和归纳，从旧城区生活性街道空间的基本尺度、几何空间、景观功能、建筑设施和活力表征 5 个方面筛选出 35 项可能对老年人空间感知产生潜在影响的、能够进行计量或测度且可信度较高的空间形态指标（图 8-1），对样本生活性街道的空间形态进行量化层级的测度。其中，有30 项可以仅通过数据而非文字描述进行定量测度。

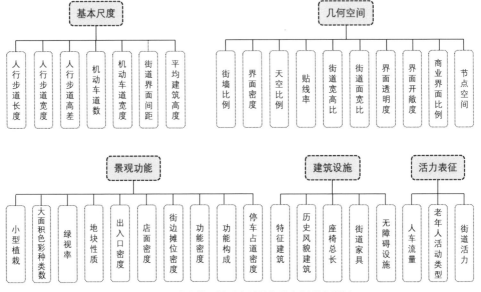

图 8-1   选取的旧城区生活性街道空间形态指标

(资料来源：笔者自绘)

以下为各项空间形态指标的测度计量方法（参考本领域学者在相关研究文献中的测度计量方法进行测度计量）。

8.3.1   基本尺度

（1）人行步道长度

取生活性街道两侧城市规划设计建设的人行步道长度的平均值，即街段两侧人行步道长度之和的 1/2，一般为街段长度。

（2）人行步道宽度

在街道中，与行人活动密切相关的是人行步道宽度，它决定了行人活动所属空间的容量和大小。人行步道宽度分为设计人行步道宽度和实际人行步道宽度。设计人行步道宽度在理论上可以分为路缘区、设施区、通行区和建筑临街区四个区域。实际人行步道宽度为街道内步行人群最常使用的街道宽度。

人行步道宽度计量测度：取街道两侧人行步道宽度计算总和作为测量结果。

（3）人行步道高差

横断面上一分为二的两部分人行步道的标高差值，在街道中一般为马路牙子或者街道空间中的其他步道之间的高差。

（4）机动车道数

机动车道数指标统计街道行驶的总机动车道数量分值。

机动车道数指标量化计分标准为：2 车道计 10 分；4 车道计 7 分；6 至 8 车道计 5 分；10 车道计 3 分；12 车道及以上计 1 分。

（5）机动车道宽度

机动车道宽度是指街道双向（如为单行路，则计算单向）机动车道总宽度。

（6）街道界面间距

街道界面间距是街道的物理尺度，指街道两侧界面建筑或构筑物（围墙、围栏）之间的垂直距离。界面间距是机动车道、非机动车道、人行道等次级空间尺度的总和。

（7）平均建筑高度

平均建筑高度是街道空间中的垂直要素尺度指标，用于衡量行人对街道界面高度的直观感受。

平均建筑高度指标测度：取街道界面（建筑或构筑物）的二维正立面平均高度作为计量结果。在计算中，街道两侧建筑均需纳入计算，有良好视觉通透性的围栏不计算在内，退后道路红线 30 m 以上的建筑不纳入计算。

8.3.2　几何空间

（1）街墙比例

街墙比例是街道两侧具有围合意义的墙面长度占街道总长度的比例，反映街道界面的连续性。

街墙比例 = 双侧街道墙面长度总和 /2 倍街道长度

双侧街道墙面长度总和测度：测算街道双侧沿步行道内侧布置的建筑物（包括围墙和围栏）总界面长度，结果取平均值。退后道路红线 30 m 以上的建筑不纳入计算。

（2）界面密度

街道界面的疏密程度可用"界面密度"参数来衡量。界面密度是指街道一侧建筑物沿街道投影面宽与该段街道的长度之比，其计算公式为：

$$界面密度 = W_i/L$$

式中：W_i表示第i段建筑物沿街道的投影面宽。

街道界面密度是用于表征街道界面围合程度的量化指标。有研究表明，街道界面密度可作为衡量街道空间品质的重要参考指标，界面密度保持在70%以上是形成优秀街道空间的必要条件。

（3）天空比例

天空比例能有效反映行人在行进方向上所感受到的空间围合程度，常用于描述街道峡谷形态。与街墙比例意义相反，天空比例越高意味着围合度越低。

天空比例指标测度计量：参照李昆澄等在《城市街道品质指标及测度方法》中对天空比例的测算，在生活性街道天空比例的测度计量中，四等分街道，得到5个定点，去掉街道两端2个定点，剩余3个定点。拍摄3个定点行人可视范围的街景照片3张，双向照片共6张，计算天空面积占整张街景照片面积的百分比，取6个场景天空比例的平均值。

（4）贴线率

贴线率是表示街道齐整度的指标，可在一定程度上反映街道界面在水平维度上的形态特征。本研究参考姜洋等关于城市街道界面连续性的研究，对生活性街道的建筑贴线率测度采用最大切面法。

具体过程为，以道路中心线为基准，向两侧分别划定一系列缓冲区，缓冲距离在道路红线宽度1/2的基础上，以1m为单位再逐步向外拓宽，考虑建筑后退道路红线的情况，最远拓宽20m。记录每一缓冲区外缘线与建筑基底相交的线段总长度，把总长度中的最大值作为街墙长度（注：此处的街墙长度不同于"街墙比例"指标中的街道墙面长度），将其除以路段长度，即得到道路单侧的建筑贴线率。路段两侧的贴线率取平均值。

$$贴线率 = 街墙长度 / 路段长度 \times 100\%$$

由此方法计算贴线率可以在量化数据层面上表示街道的齐整度，是街道空间形态数据指标之一。

（5）街道宽高比（D/H）

街道宽高比（D/H）是指街道平均宽度与沿街建筑平均高度的比值。

街道宽高比=街道平均宽度/沿街建筑平均高度

日本建筑师芦原义信明确提出了街道界面的宽高比参数。他提出：当 $D/H>1$ 时，随着比值的增大会逐渐产生远离之感；当 $D/H<1$ 时，随着比值的减小会逐渐产生接近之感；而当 $D/H=1$ 时，宽度与高度之间存在匀称之感。通过对意大利的研究发现，中世纪时的街道 $D/H≈0.5$，而文艺复兴时期的 $D/H≈1$，巴洛克时期的 $D/H≈2$。宽高比参数可对街道界面垂直维度的几何特征及其空间认知进行简明的片段式表征，但不能反映出街道界面的连续形态。

（6）街道面宽比（W/D）

街道面宽比（W/D）是指临街店面平均宽度与街道平均宽度的比值。

街道面宽比=临街店面平均宽度/街道平均宽度

芦原义信认为比街道宽度小的店面反复出现，则街道会活泼有生气；若街道狭窄而沿街店面却很长，则会破坏街道空间的活泼气氛。

（7）界面透明度

透明度本义是指光线的穿透现象，作为空间的分割要素，透明的界面会具有视觉的延展属性。街道界面"透明度"是指各街段中具有视线渗透度的建筑界面水平长度占建筑界面沿街总长度的比例。建筑底层临街面的透明度决定了街道与建筑、室外与室内活动之间的交流程度，代表了街道界面的深度，对街道活力有重要影响。透明的街道界面提供街道公共空间与临街建筑室内空间的视觉联系和交互，丰富街道信息。扬·盖尔指出与街道界面的宽高比、高差等环境变量相比，街道底层界面的形态多样性对街道活动更具影响力。

基于此，街道界面透明度指标反映空间边缘内容的感知程度，包括建筑内部物质实体要素和人的活动要素。

在透明度计算中，沿用陈泳的计算，依据空间通透程度，将沿街建筑界面分为：①开放式店面，可以直接出入的门面；②透明门面，视线可以深入室内的玻璃面；

③透明橱窗，视线只能看到一定深度的橱窗；④不透实墙，包含平面广告在内的不透明实墙。

界面透明度 =（开放式店面长度 ×1.25+ 透明门面长度 ×1+ 透明橱窗长度 ×0.75+ 不透实墙 ×0）/ 建筑界面沿街总长度 ×100%

（8）**界面开敞度**

街道界面的开敞度用于描述街道开敞或封闭的程度，这一概念在学界尚没有统一的界定。本研究参照徐磊青和康琦对上海市南京西路商业街底层界面研究中所定义的"开敞度"计算方法。即，街道界面的开敞度是指与人行道没有物理上断开的界面比例。

街道界面开敞度 = 双侧开敞界面长度 / 双侧人行步道长度 ×100%

开敞度为 0% 时，表示垂直界面是连续的玻璃或实体街墙。

（9）**商业界面比例**

街道的首层界面功能会对街道环境产生强烈的影响，商业界面比例在一定程度上能够反映街道界面的活跃程度。

商业界面比例指标测度计量：对街道界面建筑首层空间的功能进行统计，计算首层功能为商业的界面长度总和占总界面长度的百分比，街道两侧结果取平均值。

商业界面比例=双侧商业建筑界面长度总和/2倍街道长度

（10）**节点空间**

是否存在街道节点空间（即街道的局部放大空间、开敞空间）。

8.3.3 景观功能

（1）**小型植栽**

小型植栽是街道重要的景观要素，也是城市街道绿化的重要内容。街道小型植栽能有效提升街道空间视觉环境品质，不同形式的小型植栽具有组织交通、美化环境、净化空气、减少噪声、调节气候等作用。

小型植栽指标量化计分标准为：离散分布的盆栽植物和独立小型花坛植物每个计 1 分，行道树单侧计 10 分（双侧计 20 分），连续植物人行道隔离带计 15 分，街头绿地每块计 20 分，连续步行景观带单侧计 40 分。测度的同时记录计算过程，如双侧行道树 20 分 + 一块街道绿地 20 分 =40 分。

（2）大面积色彩种类数

在量化计算中，四等分街道，会得到 5 个定点，去掉街道两端 2 个定点，剩余 3 个定点。记录 3 个定点行人可视范围内的大面积色彩种类数（包含可视范围内所有的大面积色彩，不限于天空色彩、植物色彩、建筑色彩），双向共记录 6 次，取平均值。

（3）绿视率

平面图纸上的绿化并不是人们能够感受到的尺度，人肉眼可见的绿化才与居民心情直接相关。绿视率指人们眼睛所看到的物体中绿色植物所占的比例，即可见绿化所占的比例，它强调立体的视觉效果，代表城市绿化的更高水准。与"绿化率"和"绿地率"相比，"绿视率"更能反映公共绿化环境的质量，更贴近人们的生活。

在实际研究中，通常借助摄影手段，选取拍摄取样点，在垂直于街道的方向对所选对象进行拍摄。之后对取样的景观照片进行绿化信息简化，将人体视域近似为一个圆形，绿化面积占整个圆形面积的百分数就被称为绿视率。

$$绿视率 = 可视绿色植物面积 / 可视总面积$$

借助猫眼象限 APP，四等分街道，会得到 5 个定点，去掉街道两端 2 个定点，剩余 3 个定点作为拍摄取样点，每个点以人视高拍前、后、左、右 4 个方向的照片，"猫眼象限"小程序自动计算每张照片的绿视率，并显示这些照片绿视率的平均值，得到街道的绿视率。即，若以点 $r_{1-前}$，$r_{1-后}$，$r_{1-左}$，$r_{1-右}$ 分别表示定点 1 的在前、后、左、右四个方向的绿视率，则定点 1 的绿视率为：

$$绿化率 r_1 = （绿化率 r_{1-前} + 绿化率 r_{1-后} + 绿化率 r_{1-左} + 绿化率 r_{1-右}）/4，$$

$$生活性街道绿视率 = （绿化率 r_1 + 绿化率 r_2 + 绿化率 r_3）/3。$$

（4）地块性质

街道性质由道路中心线 100 m 缓冲范围内地块性质决定。城市建设用地分类表见表 8-1，若最高类型地块面积占比超过 50%，则认为街道属于该类型属性；若最高占比大于 0 且小于 50%，则该街道为混合型（mixed）；若缓冲区范围内不包含明确用地属性的地块，则街道分类为未知（unknown）。

表 8-1　城市建设用地分类表

代码	用地类别中文名称	英文同（近）义词
R	居住用地	residential
A	公共管理与公共服务用地	administration and public services
B	商业服务业设施用地	commercial and business facilities
M	工业用地	industrial, manufacturing
W	物流仓储用地	logistics and warehouse
S	道路与交通设施用地	road, street and transportation
U	公用设施用地	municipal utilities
G	绿地与广场用地	green space and square

（5）出入口密度

出入口密度是街道界面建筑单元的微尺度计量指标，反映临街建筑、街区内部空间与街道公共空间的渗透性。

出入口密度指标测度计量：统计街道范围内建筑出入口（含店铺出入口）的数量，多栋建筑组合成院落时，计算院落的出入口数量，建筑综合体或建筑群则计算能够直接通达街道的出入口数量。

出入口密度=街道两侧总出入口数量/街道长度（单位：百米）

例如，5 个 / 百米。

（6）店面密度

店面密度指各街段中每 100 m 的商业单元的店面数量（两侧之和）。这一参数在一定程度上反映了开发强度，高密度小单元的布局模式使得店面与街道有更多的商业展示区，同时能够为行人提供更多的选择。

店面密度=总店面数量/街段长度×100

（7）街边摊位密度

实际调研中可以发现，生活性街道内有很多摊贩在室外摆摊，这些摊位的出现也可能对街道内老年人的活动和感知产生影响。

街边摊位密度指各街段中每 100 m 的街边摊位数量（两侧之和），街边商业的室外延伸摊位同等计数。

街边摊位密度=总摊位数量/街段长度×100

（8）功能密度

功能密度指各街段中每 100 m 的功能业态的数量，具体分为食品、餐饮、街头摆摊、服饰、电子、珠宝手表、日用品、文化娱乐、办公、酒店、银行 11 类。

$$功能密度=总功能数量/人行道长度×100$$

（9）功能构成

街道两旁各类功能（按功能密度中的 11 项功能分类）的店铺数量占街道两旁店铺总数量的比例，如 30% 餐饮 +10% 文娱 +50% 街头摆摊 +10% 酒店。

（10）停车占道密度

是否存在停车占道，若存在，请测度停车占道密度。街边停车占道密度是每 100 m 街道的停车占道的车辆数量（两侧之和）。

$$停车占道密度=总停车数量/街段长度×100$$

例如，所调研街道长 300 m，左右两侧停车占道车辆为 9 辆，则停车占道密度为 9/300×100=3（辆 / 百米）。

8.3.4　建筑设施

（1）特征建筑

特征建筑是街道空间中的可识别性要素，是环境意象性的具体内容。环境意象是良好街道品质中不可缺少的要素，塑造意象可以使物质环境更加独特，更容易识别，更容易使人留下印象。良好清晰的意象给人安全感并且能增强人们在环境中的体验深度与强度。

特征建筑指标的测度计量对象包括历史建筑、非矩形建筑和标志建筑，统计这三类具有较强识别性建筑的数量作为计量结果，在统计时单栋建筑如果具有多重属性，则重复计量。

（2）历史风貌建筑

是否存在具有明显历史风貌的建筑。此处不展开。

（3）座椅总长

街道中的座椅包含两种：正式座椅，即作为公共设施的座椅；另一种是非正式座椅，即"辅助座椅"，台阶、石墩等都能够作为辅助座椅供人们休息。

在实际量化中，正式座椅系数为 1，高度在 370~495 mm 的第一类辅助座椅系数为 0.5，其余的第二类辅助座椅系数为 0.25。

座椅总长 =（基本座椅长度 ×1+ 第一类辅助座椅长度 ×0.5+ 第二类辅助座椅长度 ×0.25）/ 人行道长 ×100

（4）街道家具

街道家具：特指功能性的街道家具，包括休闲座椅、电话亭、邮箱、报刊亭、移动贩售车、自动贩售机、环卫设施等。在街道家具指标测度计量中，需统计街道范围内街道家具的数量。

（5）无障碍设施

是否存在无障碍设施损坏现象，请具体说明。如存在，盲道被占或马路沿缓坡损毁。

除空间形态要素以外，空间中活动的人作为空间的人文活力要素也是生活性街道空间形态的重要组成部分。基于此，对样本生活性街道的人车流量、老年人活动类型和基于街道中人数的街道活力进行了统计。

8.3.5　活力表征

（1）人车流量

人车流量比指标反映街道中人行和机动车行两种交通模式的流量比例，分别统计步行人流量与机动车行流量，再计算人车流量比值。

步行流量和机动车行流量分三个时段进行统计：14:00—15:00，15:00—16:00，16:00—17:00。每个时段统计一次（即每小时统计一次），进行 5 分钟行人和车辆通过数量的统计（如 14:30—14:35 人车流量，15:30—15:35 人车流量，16:30—16:35 人车流量），获取各时段行人和机动车的通过数量，取平均值后换算为人数 /h 和车辆数 /h。

（2）老年人活动类型

街道内老年人活动指以步行活动为基础，以老年人为主体，在街道中产生的活动，包含不同性别、职业以及文化背景的老年人，他们按照自己的需要在街道内购物、散步、遛狗、接孩子、聊天等。各类活动内容见表 8-2 "街道活动分类表"，将发生在所调研街道内的老年人活动类型进行统计并注明主要的活动类型（主要活动类型少于三种）。

表 8-2　街道活动分类表

街道活动	街道活动	街道活动
购物	休憩	打招呼
照看小孩	散步	交谈
吃喝	遛狗	打牌下棋或围观
玩手机	闲坐	抽烟
售卖东西	驻足观望或站立休息	可补充其他行为类型

（3）街道活力

为了减少日常必要性活动（比如上下班高峰等情况）对人口密度分布规律的影响，选择 14:00 — 17:00 的人数来表征街道活力。与人车流量统计类似，每小时对街道内人数进行一次统计，然后三次的人数加和。为去除街道长度这一量纲对人数的影响，用加和后的人数除以街道长度，以此表征街道活力。

街道活力（值）=（14:30 时街道内人数 +15:30 时街道内人数 +16:30 时街道内人数）/ 街道长度

街道空间中人的活动虽然不属于传统意义上的空间形态，但会对街道空间形态的存在状态和老年人在街道空间中的感受产生影响，因此将其纳入测度范围。

8.4 感知数据测度和倾向分析

8.4.1 三种层面的生活性街道空间感知

旧城区生活性街道空间在最初需要满足人们基本的物品购买、室外停留、日常活动等生产和生活需求。随着生产力的提高和物质基础的极度丰富,人们对于满足精神层面街道品质的渴望越来越强烈,对生活性街道空间的价值期待也由"外在价值"的物质期待,逐渐转变成舒适且美观的场所期待。

研究通过语义差异法,从本能层面、使用层面和反思层面选取了 40 对能够描述生活性街道空间感知的语义相反的词组,评价采用李克特量表 5 级分值进行评定。以杂乱无章—整洁有序这对反义词组为例,5 级分值分别代表:非常杂乱无章、比较杂乱无章、一般、比较整洁有序、非常整洁有序,分值依次为 1 分、2 分、3 分、4 分、5 分。

本能层面的感知关注的是即刻的情绪和感受,是对现在的评价;使用层面的感知关注的是对空间的使用过程,是对空间设施和功能效果的评价;反思层面的感知则基于对空间的回顾和思考,涉及空间的认同感、满足感、归属感等。

基于此,制作了生活性街道老年人空间感知问卷调研的测度计量表,对旧城区生活性街道中的老年人空间感知进行测度计量。随着新技术的发展,对感知的测度实际不局限于主观层面的问卷调研,通过生理传感设备等亦能够对人的感知进行测度,并且更加客观和精准。然而在前期面对面访谈过程中,针对可接受的感知测度方法询问了老年人的建议,大部分老年人对使用生理传感设备的顾虑较多,主要是安全性方面的顾虑。

8.4.2 感知测度"非日常性"的规避措施

在旧城区生活性街道老年人空间感知的问卷调查中,研究针对每条样本生活性街道,对不少于 3 至 5 位在街道空间中活动的老年人进行了空间感知问卷调查,调查通过扫描二维码或纸质问卷形式发放。

为规避所获取的老年人空间感知数据的"非日常性",选取天气正常(非雨天或其他恶劣天气）的调研日进行调研，避开早午晚饭时间段。

8.4.3　感知倾向计算分析和适老化启示

1. 生活性街道内老年人空间感知倾向计算分析

在此基础上，对收集到的感知测度问卷进行数据分析，发现了老年人在生活性街道中的感知倾向。基于数据分析，从老年人对生活性街道的空间感知中，可以发现一些集中趋势很明显的感知倾向。比如：大部分老年人感知到生活性街道空间比较遮阴避凉；机动车停车占道明显；街道两侧人行路窄或者人行路比较窄；座椅等休憩设施缺乏等。以上感知的集中趋势能够帮助我们识别出在老年人的空间感知中，旧城区生活性街道空间的显著存在状态和特征。

除此之外，某些感知虽然其倾向性并不明显，但是其均值分数略偏向负向感知那一侧，比如：环境喧闹、杂乱无章、色彩乏味单调、植被绿化缺乏、标识缺乏或含混不清等。这些在生活性街道的适老化设计或改造时也是需要注意的。

2. 空间感知倾向对生活性街道适老化的启示

在生活性街道空间适老化设计或改造时，设计者需要重点关注并通过设计尽可能解决以下问题：① 机动车停车占道明显；② 自行车乱停乱放明显；③ 街道两侧人行路窄；④ 座椅等休闲设施缺乏。

同时，也需要注意下列虽然感知倾向性不明显，但感知均值分数仍偏向负向感知那一侧的空间感知：① 环境喧闹；② 杂乱无章；③ 色彩乏味单调；④ 植被绿化缺乏；⑤ 标识缺乏或含混不清；⑥ 机动车交通干扰强；⑦ 地面铺装不平；⑧ 基础设施陈旧破损；⑨ 私密感弱；⑩ 风貌特色不足。

在对旧城区生活性街道空间进行适老化设计或改造时，可以参考以下策略：对生活性街道空间进行合理布局，将机动车停车空间和自行车驿站等空间融入生活性街道的设计改造中，而不是将其割裂出来或不作考虑；在现有基础上合理拓宽人行步道，适当减少机动车道宽度，以自然降低机动车流量和速度，突出街道的"生活性"和"行人主导"的特质；对人行步道铺装进行平整化处理，必要时可更换更加适宜老年人步行的铺装材质。

适当加大植被绿化在生活性街道中的覆盖比例，合理丰富其颜色搭配，在规划设计中综合考虑植被绿化设计对街道空间噪声的吸收阻隔和对社交环境私密性的保护；更新生活性街道中陈旧破败的设施，并对其进行适当增补，尤以座椅等休闲设施为主；考虑老年人身体机能的需求对标识系统进行设计改造，使其对老年人更加清晰高效；通过设计改造增强不同生活性街道的差异性和可识别性。

8.5　老年人在街道中的空间感知与街道空间形态的关联

在上述两节中，研究分别对样本生活性街道的空间形态指标数据和老年人空间感知数据进行了测度和特征分析。在此基础上，基于测度采集的数据，借助统计学方法，进一步探究老年人在生活性街道中的空间感知（包括本能层面、使用层面和反思层面的空间感知）与街道空间形态（包括基本尺度、几何空间、景观功能、建筑设施和活力表征 5 个方面的空间形态指标）的关联机制。具体过程为：

基于样本生活性街道的空间形态指标计量和老年人空间感知测度，借助 SPSS 数据分析软件，分别将老年人在生活性街道中本能层面、使用层面和反思层面的空间感知数据与可能对老年人空间感知产生潜在影响的，能够计量测度且可信度较高的空间形态指标数据（可以通过数据而非文字描述进行定量测度的 30 项）进行皮尔逊相关性分析，分别计算出其皮尔逊相关系数。基于数据分析结果的讨论，发现并探究老年人在生活性街道中的空间感知与街道本身空间形态的关联规律，从而为以感知引导预测为目标的小微公共空间适老化设计更新提供科学支撑。

"空间－行为"：基于行为量化测度的小微公共空间适老化研究

街角小微公共空间是旧城区典型的小微公共空间，城市公共空间是人们参与日常城市生活的重要场所，是放松、社交、娱乐、休闲的地方。这些地方使人们保持着与社会的实际联系，鼓励人们表达自己并参与其中。它们应该是各种活动的理想场所，有助于推动老年人的社会参与，从而促进积极老龄化。

9.1 样本街角小微公共空间选取

基于建筑类型学原理和构成学理论，在调研范围内选取 74 处街角小微公共空间作为研究的样本空间。样本街角小微公共空间的选取原则如下：①空间在地理位置上位于所选的研究范围之内（图 9-1）；②作为样本的小微公共空间位于街角而不是街道的两旁；③空间属于公众而非个人所有，也就是意味着每个市民都可以进入或者通过这里。

从以空间"边界"为基础的小微公共空间形态类型划分中可以看出，旧城区街角小微公共空间不仅包括普遍的街角边界彼此正交的"十字路口"的街角小微公共空间，也包括街角边界互相斜交的"三岔路口""五岔路口"及其他多岔路口的街角小微公共空间。所以，样本街角小微公共空间是在所调研的地理范围内随机选取的任意对公众开放的街角空间，但这些街角空间必须具备成为街角小微公共空间的一些条件。

在旧城区，大部分的街角空间在最初是作为交通空间被建设和使用的，但随着人口的增长和户外活动需求的提升，加之旧城区大尺度公园或广场等公共空间先天不足的现状，很多街角空间除了作为交通空间继续被使用之外，也成为这里的居民，尤其是老年人日常生活中重要的聚集场所，是他们参与城市公共生活的载体空间。所以，在样本街角小微公共空间选取中，除了以上条件外，需要选择那些不仅作为交通空间，也同时扮演着城市户外公共空间角色的街角空间。

图 9-1　样本街角小微公共空间调研范围

(资料来源：笔者自绘)

9.2　空间形态指标的梳理和归纳

　　基于对既往学术研究中街角空间形态指标的梳理和归纳，从街角小微公共空间的空间构成、设施配置、景观特征和周边环境四个角度选取了 15 项可能影响老年人行为的、容易获得且可信度较高的空间形态指标（表 9-1），采用现场实证调研勘测与百度地图等网络工具相结合的方法对样本空间的各项空间形态指标进行了测度，获取了 74 处样本空间的空间形态指标数据。

表 9-1　15 项可能影响老年人行为的街角小微公共空间形态指标

空间构成	设施配置	景观特征	周边环境
占地面积 绿地率 绿化覆盖率 退界距离	座椅数量 亭廊覆盖率 硬质铺装比例	天空所占四个方向平均视野比例 视线所至大面积色彩种类数 空间平均噪声量	周边建筑平均修建年代 建筑平均高度 毗邻街道宽度 建筑高度与街道宽度的比 距最近便利店的距离

9.3 老年人日常行为数据测度和行为特征分析

不同年龄段的人在空间中的行为差异很大，老年人的行为可以反映他们真实的空间需求。例如，与年轻人相比，老年人可能不太愿意与其他群体互动或探索公共空间；他们更关心的是自身的物质和环境需求的满足。研究老年人的行为有助于从他们的视角重新思考适老化。

空间本身对人的行为是有影响的。社会生态学方法被广泛应用于帮助构建和理解影响人类行为的因素的框架。在社会生态模型中，影响人行为的因素是不同的，主要可以分为个人因素（年龄、受教育程度、个人经历、朋友、家庭等）和环境因素（物理环境、文化环境、政策环境等）。然而，很多因素实际是难以改变的，比如大多数的个人因素。关注可以改变的环境因素，特别是空间环境因素对人的行为的影响，可以为城市设计者或管理者提供宝贵的灵感。

相关研究已经取得进展。一些研究通过使用全球定位系统（GPS）接收机获得的数据来跟踪行为，这使得研究宏观尺度的时空行为和空间影响成为可能。另一些研究则通过行为问卷探究空间或环境对某些特定行为的影响，如社区参与行为，这也使得城市社会学在空间研究方向上取得进展。研究中使用的方法取决于所研究的行为内容，如 GPS、问卷调查或其他方法。然而，由于数据收集的困难，对于发生在特定类型空间内的具体日常行为的研究还比较缺乏。这意味着这些小数据必须通过长期观察和记录来收集。虽然工作量巨大，但收集到的数据与人们的日常生活密切相关，能够为空间的适老化研究提供直接且重要的依据和支撑。

因此，本研究将从以下几个方面进行探索：老年人在街角小微公共空间中发生的日常行为有哪些；行为的发生频次特征是怎样的，空间形态是否会影响行为的发生频次；哪些空间形态会影响老年人哪些行为的发生，以及是如何影响的；这种影响产生的内在原因可能是什么。

此外，以往对小尺度公共空间的研究大多强调如何设计空间以促进心理恢复而不是满足日常行为的要求。但是，满足老年人日常行为的基本要求是非常必要的，尤其是对于旧城区的小微公共场所。应鼓励城市设计者和管理者采取积极主动的方式，与老年人深入接触，创建对老年人友好的公共空间。因此，"空间 - 行为"研究从老年人日常行为出发，通过观察老年人的真实空间生活，对旧城区街角小微公共空间进行研究。

9.3.1 行为"非日常性"规避和周期测度记录

在旧城区样本街角小微公共空间选取的基础上，对样本空间内老年人的日常行为进行持续观察和周期测度记录。

在行为"非日常性"规避的基础上，分别对 74 处样本空间内的老年人行为进行持续观察，并采用行为学中的连续取样法，以 10 分钟为一个周期，每个周期拍摄一张照片来记录相应时刻空间内老年人的行为（如果一张照片不能涵盖该时刻空间内所有老年人的行为，需要增加照片的拍摄数量以涵盖所有行为），对每个样本空间老年人行为的持续观察记录总时长不少于 4 个小时。

由于老年人在每个样本空间中的行为无法如同时空行为大数据般通过编程和爬虫等技术手段大批量获取，只能通过现场实地观察和记录的方法获得，因而这部分数据的采集工作量巨大。尽管如此，这些数据能够真实且直观地反映街角小微公共空间内老年人的具体行为状态，是非常宝贵的一手研究资料。

基于充足的样本数量和足够长的持续观察记录时间，拍摄的照片内老年人的行为就像一个个有序剖面，能够很好地代表老年人在街角小微公共空间中的行为。

9.3.2 日常行为种类界定和数据"编码提取"

1. 日常行为种类的界定和"编码"

根据所拍摄的照片，对样本空间内老年人日常行为的种类进行区分、界定和"编码"。例如，某张照片中有一位老年人在摊位前挑选商品，另一位老年人在付钱给摊主，由于他们的行为都属于购买过程中的行为，所以均将其编码为"买东西"。通过这种方法，记录老年人在每个样本空间发生的各个行为种类。通过记录归纳可以发现，老年人在街角小微公共空间中发生的日常行为主要包括买东西、聊天、跳舞、吃喝、放风筝、照看孩子、路过、打牌（或下棋）及围观等。对各行为种类的"编码"名称和界定范围详见表 9-2。

表 9-2　老年人行为种类编码及其对应的涵盖内容

编码	界定范围
买东西	挑选、还价、付钱、找零等属于购买过程的行为
搬东西	搬运物品
聊天	和其他人聊天交流（路过的同时聊天，被记为"路过"而不是"聊天"）
跳广场舞	随着音乐的节奏跳舞
吃喝	吃东西或喝东西
取快递	从快递柜或快递员那里取快递
放风筝	放风筝或准备放风筝的过程
照看孩子	任何照看孩子的同时进行的行为，包括坐着照看孩子、照看孩子的同时聊天、站着照看孩子、看着孩子们玩耍，以及与孩子们一起玩耍
路过	路过街角空间，没有停留（基于现场观察，与"在空间中行走"区别开）包含与孩子一起路过，在路过的同时聊天，以及等候红绿灯为目的的短暂停留
打牌（或下棋）及围观	与他人打牌或下棋，以及围观他人打牌或下棋
玩手机	玩手机（无关乎玩手机的具体内容），不包含打电话
吹拉弹唱	奏乐、伴随着音乐唱歌，或者奏乐的同时伴随着音乐唱歌
祈祷	祈祷
除草	与除草有关的行为，包含除草准备工作和除草过程中的休息
阅读	阅读报纸、书籍或杂志等
修车	修理车子
打电话	用手机和他人通话
轮滑	滑旱冰
卖东西	卖东西过程中的任何行为，包括守着摊位，和顾客说话等
坐着休息	只是坐着休息，不包括坐着聊天、坐着读报、坐着打电话等具有其他行为倾向的行为
抽烟	包括点烟、吸烟等抽烟过程中的行为
蹲着休息	只是蹲着休息，不包括蹲着聊天等具有其他行为倾向的行为
站立休息	只是站立休息，包括站着发呆或者站着观察其他人，不包括站着聊天、站着等红绿灯、站着玩手机等具有其他行为倾向的行为
打扫	打扫公共空间的卫生
拍照	使用手机或相机拍照
遛狗	遛狗
在空间中行走	行走的范围限于公共空间内，而非路过（基于现场观察，与"路过"行为区别开）
洗手	清洗手
浇水	给植物浇水
锻炼	进行体育活动

2. 不同种类行为记录和频次提取

根据数据，分别计算出各样本空间中各种类行为发生的频次。例如，在 4 个小时内样本空间 A 的所有周期性拍摄的照片中，老年人聊天行为出现在了两张照片中，每张照片中有三位老年人正在发生聊天行为，则聊天行为在样本空间 A 中发生的频率为 2×3=6（次 /4h）。由于本研究中行为频次实际衡量的是该行为发生的比重，因而不论这两张照片中的 6 次聊天行为是否存在同一老年人发生两次的情况，都记作频次为 6 次 /4h。通过这种方法，分别统计出各样本街角小微公共空间内老年人各类行为发生的频次数据。

3. 行为测度数据的 SPSS 录入方法

基于测度获取的行为数据，将其录入 SPSS 中。具体的录入方法为：以每个样本空间作为一个数据样本，将老年人在街角小微公共空间中发生的不同种类行为作为不同的行为变量，分别将 74 处样本空间内老年人各种类行为的发生频次录入。

9.3.3 行为特征计算分析和适老化设计建议

1. 不同行为在街角小微公共空间中发生的可能性分析

借助 SPSS 软件对街角微空间内老年人的行为数据进行统计分析后发现，路过行为、聊天行为和坐着休息行为是老年人街角小微公共空间中发生百分比最高的三种行为。在 74 处样本空间中，有 57 处发生了老年人路过行为，所占百分比约为 77%；51 处样本空间发生了老年人聊天行为，占比约为 68.9%；48 处发生了老年人坐着休息的行为，占比约为 64.9%。除此之外，在样本空间中发生百分比比较高（≥10%）的行为依次是站立休息 40.5%，遛狗 36.5%，照看孩子 29.7%，锻炼 14.9%，玩手机 12.2%，吃喝 10.8% 和购买 10.8%。

不同行为在样本空间中发生的百分比，实际反映的是老年人不同行为在街角小微公共空间中发生的可能性。也就是说，以上各种类行为是老年人在街角小微公共空间中发生可能性比较高的行为。

2. 不同行为在街角小微公共空间中发生频次特征分析

在对不同行为的发生百分比进行分析的基础上，对各种类行为在发生该种类行为的样本空间中发生的频次进行分析。以路过、聊天、坐着休息、站立休息、遛狗和照看孩子这六种在样本空间中发生百分比最高的行为为例，它们的发生频次并不符合高斯分布：在大多数发生以上行为的样本空间中，该行为发生的频次都处于比较少的状态，即正偏态分布（图9-2）。经统计分析，除上述六种行为外，其他行为在发生该行为的样本空间中的发生频次也属于类似的正偏态分布。

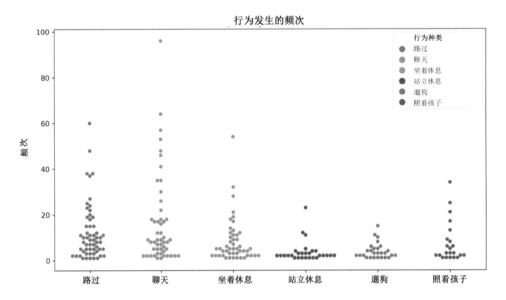

图9-2　在样本空间中发生百分比高的六种行为在发生该行为的样本空间中的发生频率

（资料来源：笔者自绘）

在这种情况下，需要用中位数而不是平均数来描述各种类行为发生频次的集中趋势（即平均水平），并用四分位数间距描述其离散程度（表9-3）。

表9-3　行为在发生该行为的样本空间中发生频次的中位数和百分位数

各行为在发生该行为的样本空间中的发生频次统计（一）

		聊天	坐着休息	吃喝	买东西	卖东西	站立休息	路过	遛狗	祈祷	轮滑
中位数		9.00	5.00	1.00	4.50	7.00	2.00	9.00	3.00	3.00	2.00
百分位数	25	3.00	2.00	1.00	2.25	5.50	1.75	4.00	1.00	3.00	1.00
	50	9.00	5.00	1.00	4.50	7.00	2.00	9.00	3.00	3.00	2.00
	75	18.00	11.00	3.50	20.25	21.50	3.25	16.50	5.00	3.00	—

各行为在发生该行为的样本空间中的发生频次统计（二）

		跳广场舞	玩手机	放风筝	拔草	打扫	打电话	吸烟	拍照	看孩子	行走
中位数		15.00	1.00	1.00	2.00	2.00	1.00	1.00	4.00	3.00	3.00
百分位数	25	3.00	1.00	1.00	2.00	1.25	1.00	1.00	3.00	1.75	1.00
	50	15.00	1.00	1.00	2.00	2.00	1.00	1.00	4.00	3.00	3.00
	75	—	3.50	1.00	2.00	3.00	1.00	2.50	6.00	10.00	11.00

各行为在发生该行为的样本空间中的发生频次统计（三）

		锻炼	打牌或下棋及围观	浇水	阅读	吹拉弹唱	取快递	搬东西	蹲歇	修车	洗手
中位数		2.00	60.00	4.00	1.00	9.00	1.00	2.00	3.00	4.00	1.00
百分位数	25	1.00	24.00	4.00	1.00	9.00	1.00	2.00	3.00	1.00	1.00
	50	2.00	60.00	4.00	1.00	9.00	1.00	2.00	3.00	4.00	1.00
	75	7.00	—	4.00	1.00	9.00	1.00	2.00	3.00	—	1.00

从中位数的比较中可以发现，打牌（或下棋）及围观行为在发生该行为的样本空间中发生频次的中位数明显大于其他行为，为 60 次 /4h。对比该行为在样本空间中发生的百分比 4.1% 可以看出，虽然打牌（或下棋）及围观行为在城市街角小微公共空间中发生的百分比并不高，但这种行为一旦发生，绝大多数情况下是以群体状态出现的，即打牌（或下棋）及围观行为比较容易带来街角空间内老年人群的聚集。

与之情况相似的还有跳广场舞行为。除此之外，聊天、路过和吹拉弹唱的行为人次中位数都是 9 人次，位列第三，说明这几类行为大多也是以群体状态发生，或一旦发生很容易吸引他人参与。值得注意的是，某些在样本空间中发生百分比很高的老年人行为，其行为人次中位数并不是很高，比较明显的是站立休息行为、锻炼行为、玩手机行为和吃喝行为，行为人次中位数分别为 2 人次、2 人次、1 人次和 1 人次。说明老年人的这几种行为虽然有较大可能性在街角小微公共空间中发生，但大部分情况下发生的人次并不多。

3. 行为特征对街角小微公共空间适老化设计的启示

在街角小微公共空间适老化设计中，不仅需要优先满足老年人在空间中发生百分比较高的行为所产生的行为需求，而且需要将那些发生百分比虽不高，但发生频次较高的行为也纳入考虑范围内。

9.4　空间形态与老年人日常行为关联机制研究

由上述研究可以看出，老年人在街角小微公共空间中的行为多种多样，不同行为发生的可能性存在很大差异，每种行为发生的频次高低也差别很大。与此同时，街角小微公共空间的形态特征也各不相同。那么，老年人在街角小微公共空间中各种类行为发生的频率是否会受到空间形态的影响？具体哪些空间形态指标会对何种行为的发生频次产生怎样的影响？基于定量测度获取的样本街角小微公共空间的各项空间形态指标数据和老年人日常行为数据，借助统计学交叉学科的数据分析过程，对这一问题进行了研究和探索。

9.4.1　定量数据分析：空间形态与单一日常行为的关联

在旧城区街角小微公共空间中，老年人聊天行为发生的百分比和频次均相对较高，可作为典型单一日常行为，因此以聊天行为为例对数据分析过程进行具体论述。街角小微公共空间的空间形态与老年人其他单一日常行为的关联机制分析方法可参考本方法，不再一一赘述。

1. 连续型变量到有序变量的转化

首先，运用 SPSS 分析软件，以每个样本空间作为一个数据样本，将聊天行为作为行为变量，把样本空间的各项空间形态指标作为空间形态变量，将样本空间的各项空间形态指标数据和空间内老年人聊天行为发生频次数据录入。

与实验室中通过实验获取的各种精准数据不同，样本街角小微公共空间中的老年人聊天行为是在空间中真实发生的，具备一定程度不可避免的偶然性。尽管通过选择调研天气（非雨天或其他恶劣天气）、控制调研时段（非早午晚饭时段或晚上睡眠时段）以及足够长的观察记录拍摄时间（每个样本空间不少于 4 个小时）来保证调研获取的老年人聊天行为频次能够最大限度地反映其日常状态，但在小程度上的偶然性仍然存在。例如，样本街角小微公共空间 A 在调研的 4 个小时内共发生了 20 次老年人聊天行为，虽然这一数据能够代表该空间老年人聊天行为发生的日常频次，但如果更改调研日，获取的聊天行为发生频次很可能是 22 或 19 次。因此，如果使用原始的老年人聊天行为发生频次数据和各项空间形态指标数据进行统计分析，极有可能得到一些"精确但错误"的结论。而我们想要探索的，是各项空间形态指标对老年人聊天行为发生频次的影响，是一种"模糊但正确"的趋势和规律。

在研究不同绿地空间对不同年龄段人的健康影响时，作者将被调研者分成了不同的年龄组。类似的研究也根据变量数值程度的不同对变量进行了分组或分级。基于此，将原始的老年人聊天行为发生频次数据和各项空间形态指标数据这类具有精确数值的连续型变量转换成了分级后的有序变量。

具体方法是：在 SPSS 中对原始数据进行"可视分箱"。以聊天行为发生频次为例，经"可视化分箱"可知，在所有样本空间中，有约 1/3 数量的样本空间老年人聊天行为发生频次不大于 1，约 1/3 数量的样本空间老年人聊天行为的发生频次大于 1 且不大于 8，同样，剩下的约 1/3 数量的样本空间内老年人聊天行为发生频次大于 8。因此，可以以 1 和 8 为分界点，将聊天行为发生频次分为"多""中""少"三档，形成"分箱后的聊天行为发生频次变量"（因变量），以此将老年人聊天行为发生频次这一连续型变量转变为有序变量。

依照同样的方法，将各项空间形态指标数据进行了分档，形成了"分箱后的各项空间形态指标变量"（自变量）。例如，样本空间 A 的硬质铺装比例是 85%，处于所有样本空间硬质铺装比例最高的 1/3 范围中，在之后的分析研究中将用硬质铺装比例"高"这一级（数据分析时有具体的数字代码）代替具体数值 85%，部分空间要素指标数据的分箱值域如图 9-3 所示。

2. 自变量的多重共线性检验

通过"可视分箱"，将自变量（各项空间形态指标）和因变量（老年人聊天行为发生频次）由连续型变量转换为了有序变量。此时，分析自变量对因变量的影响需要进行有序逻辑回归分析。但在有序逻辑回归分析之前，需要保证自变量之间无

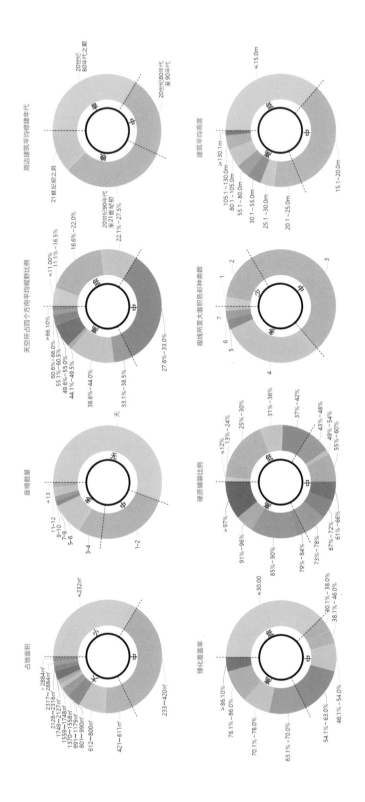

图 9-3 部分空间要素指标数据的分箱值域

（资料来源：笔者自绘）

多重共线性。基于此，将"分箱后的聊天行为发生频次"纳入因变量，将"分箱后的各项空间形态指标变量"纳入自变量，自变量的多重共线性检验如表9-4所示。结果中，容差均大于0.1，且方差膨胀因子（VIF）均小于10，所以自变量之间不存在多重共线性。

表9-4　自变量的多重共线性检验[a]

模型	共线性统计	
	容差	VIF
周边建筑平均修建年代（分箱）	0.612	1.634
毗邻街道宽度（分箱）	0.499	2.003
占地面积（分箱）	0.727	1.375
绿地率（分箱）	0.314	3.188
硬质铺装比例（分箱）	0.369	2.707
绿化覆盖率（分箱）	0.471	2.123
亭廊覆盖率（分箱）	0.715	1.399
天空所占四个方向平均视野比例（分箱）	0.807	1.238
建筑平均高度（分箱）	0.418	2.392
退界距离（分箱）	0.490	2.039
建筑高度与街道宽度比（分箱）	0.552	1.811
座椅数量（分箱）	0.838	1.194
空间平均噪声量（分箱）	0.686	1.457
距最近便利店的距离（分箱）	0.725	1.379
视线所至大面积色彩种类数（分箱）	0.790	1.266

a 因变量：自发参与行为发生频次（分箱）。

3. 回归方程的平行线检验

在多重共线性检验基础上，分析自变量对因变量的影响需要在有序逻辑回归分析的同时进行平行线检验和模型的统计学意义检验。在平行线检验（表9-5）中，卡方为32.822，$P=0.285 > 0.05$，说明平行性假设成立，即各回归方程相互平行，可以使用有序逻辑回归分析方法进行数据分析。

表9-5　平行线检验[a]

模型	−2 倍对数似然	卡方	自由度	显著性
原假设	103.187			
常规	70.365[b]	32.822[c]	29	0.285

a. 关联函数：分对数。
b. 达到最大逐步二分次数后，无法进一步增大对数似然值。
c. 卡方统计的计算基于一般模型的最后一次迭代所获得的对数似然值。此检验的有效性不确定。

4. 似然比检验和模型的统计学意义检验

在对有序逻辑回归模型中，所有自变量偏回归系数是否全为 0 进行的似然比检验（表 9-6）中，仅有常数项模型的 − 2 倍对数似然值为 162.077，最终模型的 − 2 倍对数似然值为 103.187，相差 58.89，说明包含自变量的模型的拟合优度好于仅包含常数项的模型，且检验结果 P=0.001 < 0.05，即至少有一个自变量的偏回归系数不为 0，模型是有统计学意义的。

表 9-6　似然比检验

模型	−2 倍对数似然值	卡方	自由度	显著性
仅截距	162.077			
最终	103.187	58.890	29	0.001

5. 有序逻辑回归分析的数据结果

在"连续型变量到有序变量的转化—自变量的多重共线性检验—回归方程的平行线检验—似然比检验和模型的统计学意义检验"基础上，进行有序逻辑回归分析。有序逻辑回归分析数据结果如表 9-7 所示。

表 9-7　有序逻辑回归分析数据结果

空间要素指标	显著性	OR 值 /Exp（B）	Exp（B）的 95% 瓦尔德置信区间	
			下限	上限
周边建筑平均修建年代				
20 世纪 80 年代之前	0.185	5.962	0.424	83.762
20 世纪 80 年代至 21 世纪初	0.157	6.766	0.478	95.806
21 世纪初之后	—	1	—	—
毗邻街道宽度				
≤ 10 m	0.740	0.665	0.060	7.394
10~18 m	0.049	0.163	0.027	0.994
> 18 m	—	1	—	—
占地面积				
≤ 232 m²	0.092	0.191	0.028	1.308
232~420 m²	0.771	1.264	0.261	6.111
> 420 m²	—	1	—	—
绿地率				
≤ 10 %	0.374	3.398	0.229	50.521
10%~37.9 %	0.294	0.308	0.034	2.782
> 37.9 %	—	1	—	—

空间要素指标	显著性	OR 值 /Exp（B）	Exp（B）的 95% 瓦尔德置信区间	
			下限	上限
硬质铺装比例				
≤ 42 %	0.079	10.231	0.764	136.936
42%~78 %	0.461	2.641	0.199	34.958
> 78 %	—	1	—	—
绿化覆盖率				
≤ 30 %	0.179	4.529	0.501	40.982
30%~63 %	0.200	3.486	0.517	23.492
> 63 %	—	1	—	—
亭廊覆盖率				
0 %	0.180	0.282	0.044	1.793
> 0 %	—	1	—	—
天空所占四个方向平均视野比例				
≤ 27.5 %	0.927	1.073	0.238	4.847
27.5 %~33 %	0.369	2.022	0.435	9.402
> 33 %	—	1	—	—
建筑平均高度				
≤ 15 m	0.894	1.162	0.128	10.562
15~20 m	0.032	9.276	1.211	71.053
> 20 m	—	1	—	—
退界距离				
≤ 7 m	0.508	0.447	0.041	4.843
7~15 m	0.558	1.623	0.320	8.221
> 15 m	—	1	—	—
建筑高度与街道宽度比				
≤ 1	0.279	2.777	0.437	17.632
1~1.88	0.642	1.546	0.246	9.736
> 1.88	—	1	—	—
座椅数量				
0	0.000	0.017	0.002	0.148
0~2	0.000	0.003	0.000	0.053
> 2	—	1	—	—
空间平均噪声量				
≤ 58 dB	0.050	8.104	0.996	65.946
58~ 70 dB	0.008	15.063	2.036	111.469
> 70 dB	—	1	—	—

空间要素指标	显著性	OR 值 /Exp（B）	Exp（B）的95%瓦尔德置信区间	
			下限	上限
距最近便利店的距离				
≤ 50 m	0.273	0.356	0.056	2.253
50~110 m	0.783	0.743	0.089	6.187
> 110 m	—	1	—	—
视线所至大面积色彩种类数				
≤ 3	0.561	0.514	0.055	4.839
4	0.616	1.888	0.157	22.677
> 4	—	1	—	—

该表是含有显著性（P）值和 OR 值的有序逻辑回归分析数据结果。由数据结果可知，毗邻街道宽度是影响街角小微公共空间内老年人聊天行为发生频次的一个重要因素，即在一定范围内，毗邻街道宽度较宽的街角小微公共空间，可能发生更高频次的老年人聊天行为。更具体一些，相比于毗邻街道宽度处于中等水平（> 10 m 且 ≤ 18 m）的街角小微公共空间，毗邻街道宽度较宽（> 18 m）的街角小微公共空间内，可能发生更高频率的老年人聊天行为（OR=0.163），且统计学意义显著（P 值为 0.049，小于 0.05）。虽然从数据中也可以看出，毗邻街道宽度较窄（≤ 10 m）的街角小微公共空间没有毗邻街道宽度较宽（> 18 m）的更有可能发生更高频次的老年人聊天行为（OR=0.163），但统计学意义并不显著（P 值为 0.740，大于 0.05），因而并不能说明毗邻街道宽度较宽（> 18 m）的街角小微公共空间比毗邻街道宽度较窄（≤ 10 m）的街角小微公共空间更有可能发生更高频次的老年人聊天行为。

除此之外，周边建筑平均高度对老年人聊天行为发生频次也有影响：周边建筑平均高度处在中等水平（> 15 m 且 ≤ 20 m）的街角小微公共空间比在周边建筑平均高度很高（> 20 m）的街角小微公共空间更有可能发生更高频次的老年人聊天行为（OR=9.276），且统计学意义显著（P=0.032）。而周边建筑平均高度较低（≤ 15 m）的街角小微公共空间并不比周边建筑平均高度很高（> 20 m）的空间有更高的可能性发生更高频次的老年人聊天行为，因为尽管 OR=1.162，但 P=0.894 > 0.05，即统计学意义不显著。

另外，由数据分析结果可知，街角小微公共空间的座椅数量和空间平均噪声量对老年人聊天行为发生频次也具有显著的预测价值。更多的座椅数量和更低的空间平均噪声量增加了空间中发生更高频次老年人聊天行为的可能性。具体为：座椅数量较多（＞2个）的街角小微公共空间比座椅数量较少（≥1且≤2）和无座椅的街角小微公共空间更有可能发生更高频次的老年人聊天行为（OR值为0.003和0.017），且统计学意义显著（P值为0.000和0.000）。空间平均噪声量较低（≤58 dB）和空间平均噪声量处于中等水平（＞58 dB且≤70 dB）的街角小微公共空间比空间平均噪声量较高（＞70 dB）的街角小微公共空间更有可能发生更高频次的老年人聊天行为（OR=8.104和15.0630），且统计学意义显著（P值为0.05和0.008）。

综上所述，借助有序逻辑回归分析可以发现，毗邻街道宽度、周边建筑平均高度、座椅数量和空间平均噪声量是对街角小微公共空间内老年人聊天行为发生频次存在显著影响的空间形态指标。

6. 数据结果的现实含义解读

对于街角小微公共空间来说，除了空间形态以外，还有许多其他因素可能会对空间中老年人聊天行为的发生频次产生影响。本研究侧重借助有序逻辑回归分析，探究能够被量化的各项空间形态指标对老年人聊天行为发生频次的影响。

通过分析可以得出，相对毗邻街道宽度处于中等水平（＞10 m且≤18 m）的街角小微公共空间，毗邻街道宽度较宽（＞18 m）的街角小微公共空间内更有可能发生更高频次的老年人聊天行为。同时，毗邻街道宽度较宽（＞18 m）的街角小微公共空间比毗邻街道宽度较窄（≤10 m）的街角小微公共空间更有可能发生更高频次的老年人聊天行为这一数据结果，在统计学意义上并不显著。分析其原因，毗邻街道宽度较窄的街角小微公共空间，往往意味着空间处在一种以步行为主导的社区级街道环境中，彼此熟识的老年人相遇的可能性很大，所以他们寒暄聊天的概率并不一定比毗邻街道宽度较宽的街角小微公共空间低，尽管毗邻街道较宽的街角小微公共空间一般被认为人流量较大。而毗邻街道宽度中等的街角小微公共空间则既不具备以步行为主导的社区街道环境，又没有较大的人流量，因而老年人在那里发生聊天行为的频率并不高。换句话说，我们能够得到的结论只有毗邻街道宽度较宽（＞18 m）的街角微空间比毗邻街道宽度处在中等水平（＞10 m且≤18 m）的街角小微公共空间更有可能发生更高频次的老年人聊天行为。与此类似的还有周边建筑平均高度对老年人聊天行为发生频次的影响。即通过数据分析，只能得出周边建筑平均高度处在中等水平（> 15 m 且 ≤ 20 m）的街角小微公共空间比在周边建筑平均高度很高（> 20 m）的街角小微公共空间更有可能发生更高频次的老年人聊天行为。

有趣的是，将毗邻街道宽度和周边建筑平均高度对老年人聊天行为发生频次的影响进行整合后，我们有了一些进一步的发现。即毗邻街道宽度较宽、周边建筑平均高度处在中等水平的街角小微公共空间比毗邻街道宽度处于中等水平、周边建筑平均高度很高的街角小微公共空间更有可能发生更高频次的老年人聊天行为。而毗邻街道宽度越宽，周边建筑平均高度越低，实际代表了街角小微公共空间越开敞。这说明，在特定范围内（毗邻街道宽度和周边建筑平均高度都处在中等水平及以上的街角小微公共空间），空间的开敞程度能够对空间内老年人聊天行为发生的频次产生正向影响。

座椅数量对聊天行为发生频次的正向影响和空间平均噪声量对聊天行为发生频率的负向影响则很容易理解。座椅数量的增加为老年人能够在空间中坐下来停留休息提供了客观的机会，这很容易增加他们彼此之间进行进一步交流的可能性。而聊天行为能够顺利进行的必要条件之一则是彼此能够听清对方说了什么，尤其对于听力功能衰退的老年人来说，因此空间平均噪声量的增大会降低空间内发生更高频次老年人聊天行为的可能性。

9.4.2 定量数据分析：空间形态与自发参与行为的关联

1. 社会向心性：街角小微公共空间的自发参与行为

旧城区街角小微公共空间中有很大一部分实际并不是特意作为城市公共空间存在的。由于人们经常自发选择在这里停留、站立、交谈、闲坐，甚至自己带坐具来到这里，发生不同程度的自发参与行为，才形成了街角小微公共空间。

"人类交往的天性是产生自发性人际互动的主观因素"，街角小微公共空间大多具有明显的"社会向心性"特质：空间在分布逻辑上具有一种内在的向心潜力，试图将人们聚拢，鼓励交往；在心理层面，具有较强的内聚力，会增强人们的领域感，触发深层次的人际互动。"社会向心性"是街角小微公共空间能够成为"街角小微公共空间"的关键，空间使用者的自发参与性则是空间"社会向心性"的直观表征。

即，人们并不只是路过这里或者带着非常明确的目的来到这里进行必要性活动，而是自发地想要在这里停留，并参与到这里的城市公共生活中。

通过对街角小微公共空间内老年人的行为观察，可以发现，老年人在街角小微公共空间中的自发参与行为不仅包括通过言语、动作等彼此交流程度明显的自发参与行为，也包括低强度的自发参与行为。例如，休憩行为就属于低强度自发参与行为的一种。对于老年人来说，由于活动能力的下降，其出行范围缩小，但只要有可能，大多数人还是愿意"到外面坐坐"。这种与外界的被动式接触，使他们能够观察和倾听他人，获得有价值或有趣的信息，以及同样重要的细节。对于他们而言，一方阳光，一把长椅，一条人来人往的街道，就可以成就一个多姿多彩的下午。老年人在街角小微公共空间中的行为如图9-4所示。

老年人在街角小微公共空间中发生的主要自发参与行为包括站立休息、坐着休息、聊天、照看孩子、打牌（或下棋）及围观等日常行为。即老年人在街角小微公

图9-4 老年人在街角小微公共空间中的行为
（资料来源：笔者及所在调研团队拍摄，笔者绘制加工）

共空间中发生的自发参与行为并非是单一的日常行为，往往是多种类行为的组合。这些自发参与行为的发生对于他们构建健康的老年生活有着极为重要的意义。

但自发参与行为只有在老年人们有参与的意愿、外部条件适宜且具有吸引力时才会发生。因此，探究街角小微公共空间本身的哪些空间形态特征会对老年人自发参与行为的发生产生影响是有必要的。

2. 变量的转化和多重共线性检验

在空间形态与老年人自发参与行为的关联机制研究中，虽然基本的研究方法和单一行为类似，但在对照片中的老年人自发参与行为进行精细识别的过程中，需要分别计算出每个样本空间内老年人自发参与行为发生的总频次而不是单一种类行为的频次。然后，运用 SPSS 分析软件，把每个样本空间作为一个数据样本，将 74 个样本空间的 15 项空间要素指标数据和老年人自发参与行为发生频次数据录入。

在"定量数据分析：空间形态与单一日常行为的关联"小节中，已完成了对空间形态指标数据由连续型变量到有序变量的转化。因此，只需将老年人自发参与行为发生频次数据这一具有精确数值的原始数据由连续型变量转换成分级后的有序变量。

在 SPSS 分析软件中对自发参与行为发生频次数据进行了"可视分箱"。经"可视分箱"可知，74 处样本街角小微公共空间中，约 1/3 数量的样本街角小微公共空间内老年人自发参与行为的发生频次不大于 6；约 1/3 数量的样本街角小微公共空间内老年人自发参与行为的发生频次为 7~20；约 1/3 数量的样本街角小微公共空间内老年人自发参与行为的发生频次大于 20。因此，在数据分析中，将用老年人自发参与行为发生频次"高""中""低"这三个档级代替具体频次数值。

在自变量（各项空间形态指标）和因变量（老年人自发参与行为发生频次）由连续型变量转换为有序变量之后，分析自变量对因变量的影响需要进行有序逻辑回归分析。在"定量数据分析：空间形态与单一日常行为的关联"小节中，已对自变量——各项空间形态指标的多重共线性进行了检验，由于自变量相同，在此不进行重复分析。经多重共线性检验可知，自变量之间不存在多重共线性。

3. 回归方程的平行线检验

在多重共线性检验基础上，分析自变量对因变量的影响需要在有序逻辑回归分析的同时进行平行线检验和模型的统计学意义检验。在平行线检验（表 9-8）中，卡方为 8.001，P=1.000 ＞ 0.05，说明平行性假设成立，即各回归方程相互平行，可以使用有序逻辑回归分析方法进行数据分析。

表 9-8　平行线检验

模型	−2 倍对数似然	卡方	自由度	显著性
原假设	89.339			
常规	81.338	8.001	29	1.000

注：原假设指出，位置参数（斜率参数）在各个响应类别中相同。

4. 似然比检验和模型的统计学意义检验

在有序逻辑回归模型中对所有自变量偏回归系数是否全为 0 进行的似然比检验（表 9-9）中，仅有常数项模型的−2 倍对数似然值为 162.567，最终模型的−2 倍对数似然值为 89.339，相差 73.228，说明包含自变量的模型的拟合优度好于仅包含常数项的模型，且检验结果 P=0.000 ＜ 0.05，即至少有一个自变量的偏回归系数不为 0，模型是有统计学意义的。

表 9-9　似然比检验

模型	−2 倍对数似然	卡方	自由度	显著性
仅截距	162.567			
最终	89.339	73.228	29	0.000

注：关联函数：分对数。

5. 有序逻辑回归分析的数据结果

在"连续型变量到有序变量的转化—自变量的多重共线性检验—回归方程的平行线检验—似然比检验和模型的统计学意义检验"基础上，进行有序逻辑回归分析。有序逻辑回归分析数据结果如表 9-10 所示。

表 9-10 有序逻辑回归分析数据结果

空间要素指标	显著性	OR 值 /Exp（B）	Exp（B）的 95% 瓦尔德置信区间	
			下限	上限
周边建筑平均修建年代				
20 世纪 80 年代之前	0.014	138.604	2.685	7155.426
20 世纪 80 年代至 21 世纪初	0.035	62.505	1.332	2932.202
21 世纪初之后	—	1		
毗邻街道宽度				
≤ 10 m	0.932	0.892	0.064	12.401
10~18 m	0.002	0.040	0.005	0.313
＞ 18 m	—	1	—	—
占地面积				
≤ 232 m²	0.067	0.139	0.017	1.146
232~420 m²	0.638	0.644	0.103	4.026
＞ 420 m²	—	1		
绿地率				
≤ 10%	0.400	0.268	0.012	5.774
10%~37.9%	0.007	0.017	0.001	0.325
＞ 37.9%	—	1	—	—
硬质铺装比例				
≤ 42%	0.909	1.173	0.077	17.870
42%~78%	0.084	16.214	0.691	380.512
＞ 78%	—	1		
绿化覆盖率				
≤ 30%	0.064	9.893	0.873	112.098
30%~63%	0.448	0.442	0.054	3.642
＞ 63%	—	1		
亭廊覆盖率				
0%	0.020	0.083	0.010	0.674
＞ 0%	—	1		
天空所占四个方向平均视野比例				
≤ 27.5%	0.417	2.083	0.354	12.243
27.5%~33%	0.881	1.144	0.196	6.678
＞ 33%	—	1		
建筑平均高度				
≤ 15 m	0.676	1.817	0.111	29.793
15~20 m	0.017	19.866	1.688	233.741
＞ 20 m	—	1	—	—

空间要素指标	显著性	OR 值 /Exp（B）	Exp（B）的 95% 瓦尔德置信区间	
			下限	上限
退界距离				
≤ 7 m	0.997	1.005	0.071	14.242
7~15 m	0.019	10.707	1.466	78.206
＞ 15 m	—	1	—	—
建筑高度与街道宽度的比				
≤ 1	0.322	2.851	0.358	22.694
1~1.88	0.655	0.620	0.076	5.047
＞ 1.88	—	1	—	—
座椅数量				
0	0.000	0.003	0.000	0.047
0~2	0.000	0.003	0.000	0.063
＞ 2	—	1	—	—
空间平均噪声量				
≤ 58 dB	0.012	23.426	2.012	272.724
58~70 dB	0.000	214.298	12.565	3654.861
＞ 70 dB	—	1	—	—
距最近便利店的距离				
≤ 50 m	0.645	0.609	0.074	5.023
50~110 m	0.203	0.202	0.017	2.370
＞ 110 m	—	1	—	—
视线所至大面积色彩种类数				
≤ 3	0.850	1.255	0.120	13.167
4	0.799	1.411	0.099	20.122
＞ 4	—	1	—	—

基于数据结果可知，对旧城区街角小微公共空间老年人自发参与行为的发生频次存在统计学意义上显著影响的空间形态指标（全部或部分存在 $P \leqslant 0.05$ 的显著结果）包括：周边建筑平均修建年代、毗邻街道宽度、绿地率、亭廊覆盖率、建筑平均高度、退界距离、座椅数量和空间平均噪声量。具体量化层级的影响如下。

① 周边建筑平均修建年代较为悠久（20 世纪 80 年代之前）和周边建筑平均修建年代处于中等水平（20 世纪 80 年代至 21 世纪初）的街角小微公共空间比周边建筑平均修建年代较新（21 世纪初之后）的街角小微公共空间内更有可能发生更高频次的老年人自发参与行为（OR 值分别为 138.604 和 62.505），且统计学意义显著（P 值分别为 0.014 和 0.035，均小于 0.05）。

② 毗邻街道宽度处于中等水平（10~18 m）的街角小微公共空间没有毗邻街道宽度较宽（＞18 m）的街角小微公共空间更有可能发生更高频次的老年人自发参与行为（OR=0.040），且统计学意义显著（P=0.002＜0.05）。

③ 绿地率处于中等水平（10%~37.9%）的街角小微公共空间亦没有绿地率较高（＞37.9%）的街角小微公共空间更有可能发生更高频次的老年人自发参与行为（OR=0.017），且统计学意义显著（P=0.007＜0.05）。

④ 有亭廊覆盖（亭廊覆盖率＞0%）的街角小微公共空间比没有亭廊覆盖（亭廊覆盖率=0%）的街角小微公共空间更有可能发生更高频次的老年人自发参与行为，且统计学意义显著（P=0.020＜0.05）。

⑤ 建筑平均高度处于中等水平（15~20 m）的街角小微公共空间比建筑平均高度较高（＞20 m）的街角小微公共空间内更有可能发生更高频次的老年人自发参与行为（OR=19.866），且统计学意义显著（P=0.017＜0.05）。

⑥ 退界距离处于中等水平（7~15 m）的街角小微公共空间比退界距离较大（＞15 m）的街角小微公共空间内更有可能发生更高频次的老年人自发参与行为（OR=10.707），且统计学意义显著（P=0.019＜0.05）。

⑦ 无座椅（=0）和座椅数量较少（0~2）的街角小微公共空间没有座椅数量较多（＞2）的街角小微公共空间更有可能发生更高频次的老年人自发参与行为（OR值均为0.003），且统计学意义显著（P值均约为0.000，小于0.05）。

⑧ 空间平均噪声量较小和空间平均噪声量处于中等水平的街角小微公共空间比空间平均噪声量较大的街角小微公共空间更有可能发生更高频次的老年人自发参与行为（OR值分别为23.426和214.298），且统计学意义显著（P值分别为0.012和0.000，均小于0.05）。

6. 数据分析结果对街角小微公共空间适老化的启示

基于数据分析结果，对于旧城区街角小微公共空间来说，以下空间形态特征会对老年人自发参与行为的发生产生正向的影响。

① 有年代感且不那么高的周边建筑。

② 相对宽的毗邻街道。

③ 较高的绿地率。

④ 有亭廊。

⑤ 中等的退界距离。

⑥ 相对多的座椅数量。

⑦ 不是很大的空间平均噪声量。

基于此，对旧城区街角小微公共空间在适老设计或更新中的学术讨论与建议包括以下几种。

①可以通过以上空间形态特征，对不同街角小微公共空间老年人自发参与行为发生的频次程度作出大致预判，进而通过设计提升老年人的空间使用体验。

②可以将期待老年人发生更高频次自发参与行为的街角小微公共空间布局在周边建筑有一定年代感、建筑高度不过于高、毗邻街道相对较宽的街角，并借助提高绿地率、增设亭廊座椅、满足适宜的退界距离以及植被屏蔽噪声等空间设计手法引导老年人自发参与行为的发生，增强空间的"社会向心性"，鼓励老年人发生深层次的人际互动，促进老年人的心理健康。

尽管基础数据的采集难度较大，但基于客观数据的定量测度和统计学交叉学科的数据分析，对影响老年人自发参与性的空间形态特征进行精准判断正是本研究的意义所在。

参考文献

[1] MOUGHTIN C. Urban design：street and square [M]. Oxford：Architectural Press，2003：88.

[2] 2016 年城乡建设统计公报 [EB/OL]. 中华人民共和国住房和城乡建设部，2017-08-18 [2022-07-23]. http：//www.mohurd.gov.cn/xytj/tjzljsxytjgb/tjxxtjgb/201708/t20170818_232983. html.

[3] World Health Organization，Center for Health Development. Our cities，our health，our future. Acting on social determinants for health equity in urban settings [EB/OL]. World Health Organization，Center for Health Development，2008-01-01[2022-07-23]. http：//www.who. int/social_determinants/resources/knus_final_report_052008.pdf?ua=1.

[4] 徐磊青，言语 . 公共领域的迭代 [J]. 城市建筑，2018（10）：3.

[5] 言语，徐磊青 . 公共空间活力的营造 [J]. 人类居住，2016（2）：43-45.

[6] 言语，徐磊青 . 记忆空间活化的人本解读与实践——环境行为学与社会学视角 [J]. 现代城市研究，2016（8）：24-32.

[7] THORNTON W J. Differentiating small urban space as a type and an idea [D]. Auckland：The University of Auckland，2016.

[8] 周榕 . 向互联网学习城市——"成都远洋太古里"设计底层逻辑探析 [J]. 建筑学报，2016，572（5）：30-35.

[9] 董贺轩，刘乾 . 生产城市微型公共空间——建筑设计的另一半使命 [J]. 新建筑，2016（6）：33-38.

[10] SEYMOUR W N，Small urban spaces: the philosophy，design，sociology and politics of vest-pocket parks and other small urban open spaces [M]. New York：New York University Press，1969.

[11] 怀特 . 小城市空间的社会生活 [M]. 叶齐茂，倪晓晖，译 . 上海：上海译文出版社，2016.

[12] LQC（More ligher，more quicker，more cheaper）项目主页 [EB/OL]. Project for Public Spaces（PPS），2020-01-31[2022-07-22]. https://www.pps.org/sear ch?query=LQC.

[13] SCHMIDT T，KERR J，SCHIPPERIJN J. Associations between neighborhood open space features and walking and social interaction in older adults–a mixed methods study [J]. Geriatrics，2019，4（3）：41.

[14] FUMAGALLI N，FERMANI E，SENES G，et al. Sustainable co-design with older people: the case of a public restorative garden in Milan（Italy）[J]. Sustainability，2020，12（8）：3166.

[15] 周燕珉，王春彧. 营造良好社交氛围的老年友好型社区室外环境设计研究——以北京某社区的持续跟踪调研为例 [J]. 上海城市规划，2020（6）：15-21.

[16] 曲翠萃，王小荣，袁逸倩，等. 基于行为需求的天津适老性社区室外环境设计策略 [J]. 建筑与文化，2014（12）：98-100.

[17] 司海涛，李超，王亚娜. 旧城区社区微公共空间适老性更新策略研究——以铁岭旧城区为例 [C]// 中国城市规划学会. 活力城乡 美好人居——2019 中国城市规划年会论文集（20 住房与社区规划）. 北京：中国建筑工业出版社，2019：607-618.

[18] BLUMENFELD H. Scale in civic design [J]. The Town Planning Review，1953，24（1）：35-46.

[19] 胡滨. 空间的感知 [J]. 建筑学报，2019（3）：116-122.

[20] HALL E T. The hidden dimension [M]. New York：Anchor Books，1990：112.

[21] 常娜. 珠三角高密度城市微绿地空间研究 [D]. 咸阳：西北农林科技大学，2017.

[22] 阿尔伯蒂. 建筑论——阿尔伯蒂建筑十书 [M]. 王贵祥，译. 北京：中国建筑工业出版社，2010.

[23] 西特. 城市建设艺术：根据艺术原则进行城市建设 [M]. 仲德崑，译. 南京：江苏凤凰科学技术出版社，2017.

[24] SPREIREGEN P D. Urban design：the architecture of towns and cities. New York：McGraw-Hill Inc，1965.

[25] 吉迪恩. 空间·时间·建筑：一个新传统的成长 [M]. 王锦堂，孙全文，译. 武汉：华中科技大学出版社，2014.

[26] RADBILL M N. Measuring the quality of the urban landscape in the Tucson, Arizona central business district [D]. Arizona：The University of Arizona，1968.

[27] WHYTE W H. The social life of small urban spaces [M]. 8th ed. New York：Project for Public Spaces Inc，2001.

[28] CURRIE M A. Uncovering foundational elements of the design of small urban spaces – landscape architecture/small urban spaces[C]. The City：2nd International Conference，2011.

[29] 董贺轩，刘乾，王芳. 嵌入·修补·众规：城市微型公共空间规划研究 ——以武汉市汉阳区为例 [J]. 城市规划，2018，42（4）：33-43.

[30] 池溪. 城市居住类微型公共空间活力性探究——以武汉市汉阳区为探究范围 [D]. 武汉：武汉工程大学，2017.

[31] 陈绍鹏. 基于 GIS 的武汉市洪山区微型公共空间选址与优化研究 [D]. 武汉：武汉大学，2017.

[32] 杨贵庆，房佳琳，关中美. 大城市建成区小尺度公共空间场所营造与社会资本再生产 [J].

上海城市规划，2017（2）：1-7.

[33] 侯晓蕾，郭巍 . 关注旧城公共空间·城市微空间再生 [J]. 北京规划建设，2016（1）：57-63.

[34] 徐忆晴，戴晓玲，徐浩然 . 小微型公共开敞空间的实证调查报告 [J]. 建筑与文化，2016（7）211-213.

[35] 柯鑫 . 寒地城市口袋公园人性化设计研究 [D]. 哈尔滨：东北林业大学，2011.

[36] 陈科育 . 袖珍公园在旧城居住区更新中的应用初探 [J]. 农业科技与信息（现代园林），2010（4）：70-72.

[37] 王进 . 城市口袋公园规划设计研究 [D]. 南京：南京林业大学，2009.

[38] 彭玥 . 口袋公园设计初探 [D]. 无锡：江南大学，2009.

[39] 李永生 . 城市小型广场设计研究 [D]. 咸阳：西北农林科技大学，2006.

[40] 袁野 . 袖珍公园的发展与规划设计对策的研究 [D]. 哈尔滨：东北林业大学，2006.

[41] 陈菲，朱逊，张安 . 严寒城市不同类型公共空间景观活力评价模型构建与比较分析 [J]. 中国园林，2020，36（3）：92-96.

[42] 马库斯，弗朗西斯 . 人性场所：城市开放空间设计导则 [M]. 2 版 . 俞孔坚，孙鹏，王志芳，等译 . 北京：中国建筑工业出版社，2001.

[43] 芦原义信 . 外部空间设计 [M]. 尹培桐，译 . 南京：江苏凤凰文艺出版社，2017.

[44] 詹金斯 . 广场尺度：100 个城市广场 [M]. 李哲，译 . 天津：天津大学出版社，2009.

[45] 蔡永洁 . 城市广场：历史脉络·发展动力·空间品质 [M]. 南京：东南大学出版社，2006.

[46] 柏景，周波 . 后城市公共空间形态的复杂性与矛盾性 [J]. 建筑学报，2007（6）：4-7.

[47] 陈立镜 . 城市日常公共空间研究——以汉口原租界为例 [D]. 武汉：华中科技大学，2017.

[48] 特兰西克 . 寻找失落空间：城市设计的理论 [M]. 朱子瑜，张播，鹿勤，等译 . 北京：中国建筑工业出版社，2008.

[49] 亚历山大，伊希卡娃，西尔佛斯坦，等 . 建筑模式语言：城镇·建筑·构造 [M]. 王听度，周序鸿，译 . 北京：知识产权出版社，2002.

[50] 卢健松，彭丽谦，刘沛 . 克里斯托弗·亚历山大的建筑理论及其自组织思想 [J]. 建筑师，2014（5）：44-51.

[51] 中村拓志 . 恋爱中的建筑 [M]. 金海英，译 . 桂林：广西师范大学出版社，2013.

[52] Urban Hive/ARCHIUM [DB/OL]. ArchDaily, 2017-05-16[2022-07-22]. https:// www.baidu. com/link?url=UO_ili6QQ3B8sUnTr-Twlbv5tV_qqMi4zFZGT35D 7ts 6GRe3IAl8kY4xQ8krv W5ePsQNxbPuI29rshHNUa6Ztq&wd=&eqid=c3105eb500 32575e000000035ecaeb97.

[53] 阿市东半岛住宅区（BORNEO-SPORENBURG）[DB/OL]. West8 事务所官网中文版，2015-02-08[2022-07-22]. http://www.west8.com/cn/projects/all/borneo _sporenburg/.

[54] 李振宇，虞艳萍 . 欧洲集合住宅的个性化设计 [J]. 中外建筑，2004（3）：3-8.

[55] What a wonderful world：13 fabulous gardens [EB/OL]. CNN Trave l，2011-01-26 [2022-07-22]. http://edition.cnn.com/2014/06/19/travel/fabulous-gardens/index.html.

[56] CaixaForum 文化中心，马德里 /HERZOG & DE MEURON[EB/OL]. 谷德设计网，2018-07-20[2022-07-22]. https://www.gooood.cn/caixaforum-madrid-by-herzog-de-meuron.htm.

[57] 舒欣，邱宁 . 建筑表皮的双面性——形态与生态——以马德里当代艺术博物馆（Caixa Forum Madrid）为例 [J]. 中外建筑，2013（7）：77-78.

[58] 刘韩昕，蔡永洁 . 空间中的秘密主角——城市家具的环境行为价值初探 [J]. 城市设计，2016（3）：62-71.

[59] Gleim-Oase ist Berlins schönste Verkehrsinsel[EB/OL]. Berliner Woch e，2014-10- 27[2022-07-22]. https://www.berliner-woche.de/gesundbrunnen/verkehr/gleim-oase-ist-berlins-schoenste-verkehrsinsel-d62590.html.

[60] Vogelskulpturen kehren auf die Gleim-Oasezurück[EB/OL]. Quartiers management Brunnenviertel-Ackerstrasse，2017-03-05[2022-07-22]. http://www.brunnenviertel-ackerstrasse.de/GleimOaseSkulpturen.

[61] 景观设计精华——巴塞罗那 ST JOAN 大道景观设计 /Lola Domènech[EB/OL]. 吴龙设计博客，2012-06-28[2022-07-22]. http://blog.sina.com.cn/s/blog_673c8b9e010161r1.html.

[62] 王府井街道整治之口袋公园 / 朱小地 [EB/OL]. 有方建筑，2017-09-30[2022-07-22]. https://www.archiposition.com/items/20180525112259.

[63] 凹陷花园，北京 /Plasma Studio[EB/OL]. 谷德设计网，2015-10-26[2022-07-22]. https://www.gooood.cn/sunken-garden-beijing-china-by-plasma-studio.htm.

[64] 陈海亮 . 光的渗透——对德国柏林GSW总部自然采光的简要分析 [J]. 世界建筑，2004（9）：46-53.

[65] 赖秋红 . 浅析美国袖珍公园典型代表——佩雷公园 [J]. 广东园林，2011，33（3）：40-43.

[66] 周建猷 . 浅析美国袖珍公园的产生与发展 [D]. 北京：北京林业大学，2010.

[67] 杨瀚菲，朱云笛，吴雨轩 . 浅析城市街道模糊空间的营造——以鹿特丹剧院广场为例 [J]. 现代园艺，2017（6）：81.

[68] 医院官网的建筑板块专题介绍 Architecture[DB/OL]. REHAB 官网，2018-09-16[2022-07-22]. https://www.rehab.ch/en/discover-rehab-basel/architecture.html.

[69] 百子里公园，香港，Gravity Green[EB/OL]. 谷德设计网，2013-09-26 [2022-07-22]. https://www.gooood.cn/pak-tsz-lane-park.htm.

[70] 西村·贝森大院，成都／家琨建筑设计事务所 [EB/OL]. 谷德设计网，2016-03-03[2022-07-22]. https://www.gooood.cn/west-village-basis-yard-by-jiakun-architects.htm.

[71] Atelier Bow-Wow. 后泡沫城市的汪工坊 [M]. 林建华，译. 台北：田园城市文化事业有限公司，2012：172.

[72] 赵建彤. 权宜之计？——旧金山"车位微公园计划"解读 [J]. 城市设计，2016（5）：84-97.

[73] 欧静，赵江洪. 多维情感 - 动作与产品形态的交互设计研究 [J]. 包装工程，2015，36（18）：49-53.

[74] 吴丽敏. 文化古镇旅游地居民"情感 - 行为"特征及其形成肌理——以同里为例 [D]. 南京：南京师范大学，2015.

[75] RUSSELL J A，WARD L M，PRATT G. Affective quality attributed to environments：a factor analytic study [J]. Environment and Behavior，1981，13（3）：259-288.

[76] BRADBURN N M. The structure of psychological well-being [M]. Chicago：Aldin，1969.

[77] WUNDT W. Outlines of psychology [M]. Leipzig：Wihelm Engelmann，1907.

[78] 刘烨，陶霖密，傅小兰. 基于情绪图片的 PAD 情感状态模型分析 [J]. 中国图象图形学报，2009，14（5）：753-758.

[79] DESMET P M A, HEKKERT P, JACOBS J J. When a car makes you smile: development and application of an instrument to measure product emotions [J]. Advances in Consumer Research，2000, 13（12）：2253-2274.

[80] DESMET P. A multilayered model of product emotions [J]. The Design Journal, 2003, 6（2）：4-13.

[81] 浦江. 全认知情感理论——一种新的心智计算模型 [J]. 计算机科学，2014，41（7）：15-24+61.

[82] 蹇嘉，甄峰，席广亮，等. 西方情绪地理学研究进展与启示 [J]. 世界地理研究，2016, 25（2）：123-136.

[83] 郭景萍. 试析作为"主观社会现实"的情感——一种社会学的新阐释 [J]. 社会科学研究，2007（3）：95-100.

[84] 徐虹. 公共建筑室内环境综合感知及行为影响研究 [D]. 天津：天津大学，2017.

[85] 王勤. 日常生活情感建筑理论及在老年建筑循证设计中的应用 [J]. 建筑学报，2016（10）：108-113.

[86] 王辉. 现象的意义——现象学与当代建筑设计思维 [J]. 建筑学报，2018（1）：74-79.

[87] 卒姆托. 思考建筑 [M]. 张宇，译. 北京：中国建筑工业出版社，2010：66.

[88] 冯琳. 知觉现象学透镜下"建筑 - 身体"的在场研究 [D]. 天津：天津大学，2013.

[89] 卒姆托. 建筑氛围 [M]. 张宇，译. 北京：中国建筑工业出版社，2010：11.

[90] 陈筝，翟雪倩，叶诗韵，等. 恢复性自然环境对城市居民心智健康影响的荟萃分析及规划启示 [J]. 国际城市规划，2016，31（4）：16-26+43.

[91] 陈筝, 杨云, 邱明, 等. 面向城市空间的实景视觉体验评价技术 [J]. 风景园林, 2017 (4): 28-33.

[92] 李欣. 城市空间形态与空间体验的耦合性 [J]. 东南大学学报 (自然科学版), 2015, 45 (6): 1209-1217.

[93] 谭少华, 胡亚飞, 韩玲. 基于人群心理满足的城市美丽街道环境特征研究 [J]. 新建筑, 2016 (1): 64-70.

[94] 诺曼. 设计心理学 3: 情感化设计 [M]. 2 版. 何笑梅, 欧秋杏, 译. 北京: 中信出版社, 2015.

[95] 陈鹏. 基于感性工学的手机造型优化设计 [D]. 沈阳: 东北大学, 2010.

[96] 刘向. 说苑 [M]. 上海: 上海古籍出版社, 1990: 174-175.

[97] 陆绍明. 建筑体验——空间中的情节 [M]. 2 版. 北京: 中国建筑工业出版社, 2018: 82.

[98] 魏娜. 弥漫空间 [M]. 北京: 中国建筑工业出版社, 2019.

[99] 李文. 城市公共空间形态研究 [D]. 哈尔滨: 东北林业大学, 2007.

[100] 胡一可, 丁梦月, 王志强, 等. 计算机视觉技术在城市街道空间设计中的应用 [J]. 风景园林, 2017 (10): 50-57.

[101] 臧慧. 城市广场空间活力构成要素及设计策略研究 [D]. 大连: 大连理工大学, 2010.

[102] 张章, 徐高峰, 李文越, 等. 历史街道微观建成环境对游客步行停驻行为的影响——以北京五道营胡同为例 [J]. 建筑学报, 2019 (3): 96-102.

[103] 吴玺. 城市街区内广场空间形态与天空开阔度关系研究 [D]. 南京: 南京大学, 2013.

[104] 叶宇, 张昭希, 张啸虎, 等. 人本尺度的街道空间品质测度——结合街景数据和新分析技术的大规模、高精度评价框架 [J]. 国际城市规划, 2019, 34 (1): 18-27.

[105] 周进, 黄建中. 城市公共空间品质评价指标体系的探讨 [J]. 建筑师, 2003 (3): 52-56.

[106] 李昆澄, 程世丹, 李欣. 城市街道品质指标及测度方法 [J]. 统计与决策, 2019, 35 (11): 56-59.

[107] 唐婧娴, 龙瀛, 翟炜, 等. 街道空间品质的测度、变化评价与影响因素识别——基于大规模多时相街景图片的分析 [J]. 新建筑, 2016 (5): 110-115.

[108] 龙瀛. 新城新区的发展、空间品质与活力 [J]. 国际城市规划, 2017, 32 (2): 6-9.

[109] 陆邵明. 让自然说点什么: 空间情节的生成策略 [J]. 新建筑, 2007 (3): 16-21.

[110] 封蓉, 刘璐, 马顿翔, 等. 气味景观 街道空间品质的一个维度 [J]. 时代建筑, 2017 (6): 18-25.

[111] 陈意微, 袁晓梅. 气味景观研究进展 [J]. 中国园林, 2017, 33 (2): 107-112.

[112] NORDH H, HARTIG T, HAGERHALL C, et al. Components of small urban parks that predict the possibility for restoration [J]. Urban Forestry & Urban Greening, 2009, 8（4）: 225-235.

[113] 魏彦. 城市开放空间中运用植物营造情感空间的探究——以青岛市为例 [D]. 青岛: 青岛理工大学, 2015.

[114] 盛起. 城市滨河绿地的亲水性设计研究 [D]. 北京: 北京林业大学, 2009.

[115] 王冀. 城市滨水区亲水空间场所精神的塑造 [D]. 北京: 中国林业科学研究院, 2012.

[116] 徐磊青, 刘宁, 孙澄宇. 广场尺度与空间品质——广场面积、高宽比与空间偏好和意象关系的虚拟研究 [J]. 建筑学报, 2012（2）: 74-78.

[117] 肖宏. 城市广场中石材的运用研究 [D]. 南京: 南京林业大学, 2004.

[118] 雷洪强. 西北地区城市广场人性化空间设计——以银川人民广场设计为例 [D]. 西安: 西安建筑科技大学, 2004.

[119] 越来越不友好的公共空间 [N/OL]. DEMO studio, 2019-04-8[2022-07-22]. https://mp.weixin.qq.com/s/3lP7mD6H9LliVgwbM7Gywg.

[120] 汪丽君, 刘荣伶. 大城小事·睹微知著——城市小微公共空间的概念解析与研究进展 [J]. 新建筑, 2019（3）: 104-108.

[121] 汪丽君, 刘荣伶. 天津滨海新区小微公共空间形态类型解析及优化策略 [J]. 城市发展研究, 2018, 25（11）: 140-144.

[122]MAAS J, VERHEIJ R A, GROENEWEGEN P P, et al. Green space, urbanity, and health: how strong is the relation?[J]. Journal of Epidemiology and Community Health, 2006, 60（7）: 587-592.

[123] 舒平, 张冉, 汪丽君. 既有住区"社会向心空间"自发参与性探究 [J]. 建筑学报, 2020（2）: 50-55.

[124] 刘楠, 胡惠琴. 基于老年人日常生活行为营造居家情景的康养空间 [J]. 建筑学报, 2017（S2）: 51-55.

[125] 刘勰. 老年人户外交往行为及其空间模式研究——以成都地区为例 [D]. 成都: 西南交通大学, 2011.

[126] 伯顿, 米切尔. 包容性的城市设计: 生活街道 [M]. 费腾, 付本臣, 译. 北京: 中国建筑工业出版社, 2009.

[127] PESCHARDT K K, STIGSDOTTER U K. Associations between park characteristics and perceived restorativeness of small public urban green spaces [J]. Landscape and Urban Planning, 2013, 112: 26-39.

[128] GRAHN P, STIGSDOTTER U K. The relation between perceived sensory dimensions of urban green space and stress restoration [J]. Landscape and Urban Planning, 2010, 94（3-4）: 264-275.

[129] 王德, 张昀. 基于语义差别法的上海街道空间感知研究 [J]. 同济大学学报（自然科学版）, 2011, 39（7）: 1000-1006.

[130] 卢杉, 汪丽君. 基于老年人感知的城市住区户外公共空间形态特征感知量化研究 [J]. 西部人居环境学刊, 2020, 35（5）: 56-61.

[131] GHAVAMPOUR E, Del AGUILA M, VALE B. GIS mapping and analysis of behaviour in small urban public spaces [J]. Area, 2017, 49（3）: 349-358.

[132] UNT A-L, BELL S. The impact of small-scale design interventions on the behaviour patterns of the users of an urban wasteland [J]. Urban Forestry & Urban Greening, 2014, 13（1）: 121-135.

[133] HINO A A F, REIS R S, RIBEIRO I C, et al. Using observational methods to evaluate public open spaces and physical activity in Brazil [J]. Journal of Physical Activity & Health, 2010, 7（S2）, S146-154.

[134] 陈义勇, 刘涛. 社区开放空间吸引力的影响因素探析——基于深圳华侨城社区的调查 [J]. 建筑学报, 2016（2）: 107-112.

[135] 张樱子, 曾庆丹. 拉萨市宗角禄康公园休闲空间构成及行为研究 [J]. 建筑学报, 2018（2）: 55-61.

[136] 关芃, 徐小东, 徐宁, 等. 以人群健康为导向的小型公共绿地建成环境要素分析——以江苏省南京市老城区为例 [J]. 景观设计学（英文版）, 2020, 8（5）: 76-92.

[137] 何彦, 吴晓, 何保红, 等. 生命历程视角下居民自行车使用行为研究——以昆明市主城区为例 [J]. 现代城市研究, 2019（3）: 103-109.

[138] MAVROS P, AUSTWICK M Z, HUDSON-SMITH A. Geo-EEG: towards the use of EEG in the study of urban behaviour [J]. Applied Spatial Analysis and Policy, 2016, 9（2）: 191-212.

[139] 叶宇, 周锡辉, 王桢栋. 高层建筑低区公共空间社会效用的定量测度与导控 以虚拟现实与生理传感技术为实现途径 [J]. 时代建筑, 2019（6）: 152-159.

[140] 罗桑扎西, 甄峰. 基于手机数据的城市公共空间活力评价方法研究——以南京市公园为例 [J]. 地理研究, 2019, 38（7）: 1594-1608.

[141] 王蓓, 王良, 刘艳华, 等. 基于手机信令数据的北京市职住空间分布格局及匹配特征 [J]. 地理科学进展, 2020, 39（12）: 2028-2042.

[142] 张昭希，龙瀛，张健，等. 穿戴式相机在研究个体行为与建成环境关系中的应用 [J]. 景观设计学（英文版），2019，7（2）：22-37.

[143] 韩昊英，于翔，龙瀛. 基于北京公交刷卡数据和兴趣点的功能区识别 [J]. 城市规划，2016，40（6）：52-60.

[144] 徐婉庭，张希煜，龙瀛. 基于手机信令等多源数据的城市居住空间选择行为初探——以北京五环内小区为例 [J]. 城市发展研究，2019，26（10）：48-56.

[145] 龙瀛，刘伦伦. 新数据环境下定量城市研究的四个变革 [J]. 国际城市规划，2017，32（1）：64-73.

[146] 盛强，杨滔，刘宁. 空间句法与多源新数据结合的基础研究与项目应用案例 [J]. 时代建筑，2017（5）：38-43.

[147] 柴彦威，李昌霞. 中国城市老年人日常购物行为的空间特征——以北京、深圳和上海为例 [J]. 地理学报，2005，60（3）：401-408.

[148] 王德，谢栋灿，王灿，等. 个体时空行为的规律性与可预测性研究——以上海市居民工作日活动为例 [J]. 地理科学进展，2021，40（3）：433-440.

[149] ARAI Y，YOKOTA S，YAMADA K，et al. Analysis of gaze information on actual pedestrian behavior in open space–which body part of an oncoming pedestrian do people gaze at？[C] 2017 Ieee/Sice International Symposium on System Integration，2017：704-709.

[150] 李渊，高小涵，黄竞雄，等. 基于摄影照片与眼动实验的旅游者视觉行为分析——以厦门大学为例 [J]. 旅游学刊，2020，35（9）：41-52.

[151] ERKAN I. Examining wayfinding behaviours in architectural spaces using brain imaging with electroencephalography（EEG）[J]. Architectural Science Review，2018，61（6）：410-428.

[152] IKEDA T，ISHIGURO H，MIYASHITA T，et al. Pedestrian identification by associating wearable and environmental sensors based on phase dependent correlation of human walking [J]. Journal of Ambient Intelligence and Humanized Computing，2013，5（5）：645-654.

[153] HALONEN J I，PULAKKA A，PENTTI J，et al. Cross-sectional associations of neighbourhood socioeconomic disadvantage and greenness with accelerometer-measured leisure-time physical activity in a cohort of ageing workers [J]. BMJ Open，2020，10（8）：1-9.

[154] 李力，韩冬青，董嘉. 基于深度学习的公共空间行为轨迹模式分析初探 [C]// 全国高等学校建筑学专业教育指导分委员会建筑数字技术教学工作委员会. 共享·协同——2019 全国建筑院系建筑数字技术教学与研究学术研讨会论文集. 全国高等学校建筑学专业教育指导分委员会建筑数字技术教学工作委员会，2019：218-223.

[155] 徐文飞，董贺轩 . 健康城市视角下的社区公园空间适老性研究——基于 SEM 量化分析 [J]. 城市建筑，2020，17（32）：18-20.

[156] 李昕阳，洪再生，袁逸倩，等 . 城市老年人、儿童适宜性社区公共空间研究 [J]. 城市发展研究，2015，22（5）：104-111.

[157] 张子琪，王竹，裘知 . 乡村老年人村域公共空间聚集行为与空间偏好特征探究 [J]. 建筑学报，2018（2）：85-89.

[158] 李庆丽，李斌 . 养老设施内老年人的生活行为模式研究 [J]. 时代建筑，2012（6）：30-36.

[159] 洪毅，林金丹 . 广场舞场地的适老化设计——基于泉州地区的实态调研分析 [J]. 中外建筑，2017（9）：113-118.

[160] 张倩，张娜，王芳，等 . 基于老年人行为的既有住宅餐厨空间光环境评价及优化研究 [J]. 住区，2020（4）：105-113.

[161] 贾巍杨，王小荣，王羽 . 无障碍人体尺度实验比较研究与居住空间设计应用报告 [J]. 住区，2017（3）：147-151.

[162] 宋昆，汪江华，时海峰，等 . 城市既有住区适老化改造建筑设计教学 [J]. 时代建筑，2016（6）：160-163.

[163] 李佳婧，周燕珉 . 失智特殊护理单元公共空间设计对老年人行为的影响——以北京市两所养老设施为例 [J]. 南方建筑，2016（6）：10-18

[164] 徐怡珊，周典，刘柯琹 . 老年人时空间行为可视化与社区健康宜居环境研究 [J]. 建筑学报，2019（S1）：90-95.

[165] 甘翔 . 老龄化社会中城市小型公园的设计研究 [D]. 南京：南京艺术学院，2014.

[166] 金俊，齐康，白鹭飞，等 . 基于宜居目标的旧城区微空间适老性调查与分析——以南京市新街口街道为例 [J]. 中国园林，2015，31（3）：91-95.

[167] 张熙凌 . 城市口袋公园老年群体满意度评价及优化策略研究——以重庆市渝中半岛为例 [D]. 重庆：西南大学，2020.

[168] 王樾 . 街巷公共空间适老化更新策略研究：以安定门街道为例 [D]. 北京：北京建筑大学，2020.

[169] 吴岩 . 重庆城市社区适老公共空间环境研究 [D]. 重庆：重庆大学，2015.

[170] 赵之枫，巩冉冉 . 老旧小区室外公共空间适老化改造研究——以北京松榆里社区为例 [C]// 中国城市规划学会 . 规划 60 年：成就与挑战——2016 中国城市规划年会论文集（06 城市设计与详细规划）. 北京：中国建筑工业出版社，2016：301-316.

[171] 于家宁，张玉坤，黄瑞茂，等 . 社区营造模式下的社区户外空间适老化更新——以台湾地区新北市正德里友善巷弄营造为例 [J]. 建筑与文化，2019（12）：178-183.

[172] 周洋溢，王江萍.基于老年人的旧城区游憩空间网络构建——以徐家棚街为例 [J].园林，2017（9）：40-43.

[173] 耿竞.大数据环境下老城区公共服务设施空间分布的适老性评价——以北京市安定门街道为例 [D].天津：天津大学，2018.

[174] 陈雪娇.城市老旧社区外部空间的适老性分析及改造设计研究——以哈尔滨市花园街道辖区为例 [D].哈尔滨：哈尔滨工业大学，2019.

[175] 胡惠琴，赵怡冰.社区老年人日间照料中心的行为系统与空间模式研究 [J].建筑学报，2014（5）：70-76.

[176] 胡惠琴，胡志鹏.基于生活支援体系的既有住区适老化改造研究 [J].建筑学报，2013（S1）：34-39.

[177] 程晓青，李佳楠.人因工程学视角下建筑适老化设计理念解读 [J].世界建筑，2021（3）：54-57+124.

[178] 谢波，魏伟，周婕.城市老龄化社区的居住空间环境评价及养老规划策略 [J].规划师，2015，31（11）：5-11+33.

[179] 张冬卿，陈易.跨代共生模式下的社区中心设计探究——以巴塞罗那圣安东尼 - 琼奥利弗图书馆及其庭院为例 [J].城市建筑，2019，16（19）：153-155+159.

[180] 李欣，徐怡珊，周典.国内老年宜居环境的学术研究与设计实践 [J].建筑学报，2016（2）：16-21.

[181] 王红.基于 AHP 层次分析法的成都市养老型社区外部公共空间适老性研究 [D].成都：西南交通大学，2016.

[182] 坂本一成，塚本由晴，岩冈竜夫，等.建筑构成学——建筑设计的方法 [M].上海：同济大学出版社，2018.

[183] 周钰，吴柏华，甘伟，等.街道界面形态量化测度方法研究综述 [J].南方建筑，2019（1）：88-93.

[184] 周钰，赵建波，张玉坤.街道界面密度与城市形态的规划控制 [J].城市规划，2012，36（6）：28-32.

[185] 姜洋，辜培钦，陈宇琳，等.基于 GIS 的城市街道界面连续性研究——以济南市为例 [J].城市交通，2016，14（4）：1-7.

[186] 陈泳，赵杏花.基于步行者视角的街道底层界面研究——以上海市淮海路为例 [J].城市规划，2014，38（6）：24-31.

[187] 徐磊青，康琦.商业街的空间与界面特征对步行者停留活动的影响——以上海市南京西路为例 [J].城市规划学刊，2014（3）：104-111.

[188] 郝新华, 龙瀛. 街道绿化: 一个新的可步行性评价指标 [J]. 上海城市规划, 2017 (1):
32-36+49.

[189] 邓小军, 王洪刚. 绿化率、绿地率、绿视率 [J]. 新建筑, 2002 (6): 75-76.

[190] 龙瀛, 周垠. 街道活力的量化评价及影响因素分析——以成都为例 [J]. 新建筑, 2016 (1):
52-57.

[191]BANERJEE T. The future of public space: beyond invented streets and reinvented places [J].
Journal of the American Planning Association, 2001, 67: 9-24.

[192]HOLLAND C, CLARK A, KATZ J, et al. Social interactions in urban public places [M].
Policy Press, 2007.

[193]OKTAY D. The quest for urban identity in the changing context of the city: Northern Cyprus [J].
Cities, 2002, 19 (4): 261-271.

[194]GILES-CORTI B, BROOMHALL M H, KNUIMAN M, et al. Increasing walking: how
important is distance to, attractiveness, and size of public open space? [J]. American Journal
of Preventive Medicine, 2005, 28 (2): 169-176.

[195]GAIKWAD A, SHINDE K. Use of parks by older persons and perceived health benefits: a
developing country context [J]. Cities, 2019, 84: 134-142.

[196] ASKARI A H, SOLTANI S. Engagement in public open spaces across age groups: the case
of Merdeka Square in Kuala Lumpur city, Malaysia [J]. Urban Design International,
2015, 20 (2): 93-106.

[197]ENGELS B, LIU G-J. Ageing in place: the out-of-home travel patterns of seniors in Victoria
and its policy implications [J]. Urban Policy and Research, 2013, 31: 168-189.

[198]BUFFEL T, PHILLIPSON C. Can global cities be "age-friendly cities"? Urban development
and ageing populations. Cities[J]. 2016, 55: 94-100.

[199]CHEN L, NG E. Outdoor thermal comfort and outdoor activities: a review of research in the
past decade [J]. Cities, 2012, 29 (2): 118-125.

[200]NORDH H, ØSTBY K. Pocket parks for people – a study of park design and use [J]. Urban
Forestry & Urban Greening, 2013, 12 (1): 12-17.

[201]LU Y, YANG Y, SUN G, et al. Associations between overhead-view and eye-level urban
greenness and cycling behaviors [J]. Cities, 2019, 88: 10-18.

[202]GILES-CORTI B. People or places: what should be the target? [J]. Journal of Science and
Medicine in Sport, 2006, 9 (5): 357-366.

[203]ZHOU S, DENG L, KWAN M-P, et al. Social and spatial differentiation of high and low
income groups' out-of-home activities in Guangzhou, China [J]. Cities, 2015, 45: 81-90.

[204] MAAT K, DE VRIES P. The influence of the residential environment on green-space travel: testing the compensation hypothesis [J]. Environment and Planning A, 2006, 38（11）: 2111-2127.

[205] OTHMAN A R, FADZIL F. Influence of outdoor space to the elderly wellbeing in a typical care centre [J]. Procedia-Social and Behavioral Sciences, 2015, 170: 320-329.

[206] WANG Y, CHAU C K, NG W Y, et al. A review on the effects of physical built environment attributes on enhancing walking and cycling activity levels within residential neighborhoods [J]. Cities, 2016, 50: 1-15.

[207] SHOVAL N, SCHVIMER Y, TAMIR M. Tracking technologies and urban analysis: adding the emotional dimension [J]. Cities, 2018, 72: 34-42.

[208] STEELS S. Key characteristics of age-friendly cities and communities: a review [J]. Cities, 2015, 47: 45-52.

[209] WU J, TA N, SONG Y, et al. Urban form breeds neighborhood vibrancy: a case study using a GPS-based activity survey in suburban Beijing [J]. Cities, 2018, 74: 100-108.

[210] BOTTINI L. The effects of built environment on community participation in urban neighbourhoods: an empirical exploration [J]. Cities, 2018, 81: 108-114.

[211] SCHIPPERIJN J, STIGSDOTTER U K, RANDRUP T B, et al. Influences on the use of urban green space – a case study in Odense, Denmark [J]. Urban Forestry & Urban Greening, 2010, 9（1）: 25-32.

附　　录

柏林城市公共空间案例调研整理

序号	位置	案例相关图片	公共空间类型特征
1	Sigmund-Bergmann strasse 和 An der Havelspitze 之间片区		1. 利用基地高差形成左右两侧起伏差异地势； 2. 室外活动设施丰富，色彩多样； 3. 折线元素、木材和沙地混合使用
2	Quenzseewag		1. 包含三个主要的室外运动设施场所； 2. 地处两侧单体居住建筑的中间地带
3	Lehrter Str. & Klara-Franke-Str.		1. 将地下停车库的通风采光通道与地面活动座椅结合设计； 2. 小型植物群落的景观搭配； 3. 区域活动场地和建筑转折形体的呼应
4	Flottwellstr.& Lutzowstr.		1. 包裹在内部私密庭院的儿童活动场地； 2. 强化场地入口空间的景观绿植搭配
5	Paradestr 地铁站居住区		1. 包含几处集中设置的体育运动场和休闲公园； 2. 各家各户私人庭院内部的院落设计； 3. 中央历史公园的文化追忆

序号	位置	案例相关图片	公共空间类型特征
6	Mockernkiez		包含几处儿童活动休闲区和围绕在建筑物周围的绿地设计
7	Mondrian Suites Hotel Berlin Checkpoint Charlie		1. 同南侧幼儿园活动场地连接的中央核心景观区设计； 2. 采用色彩饱和度较高的儿童设施，与周边建筑的风格呼应
8	Carl-von-Ossietzky-Park		1. 自然地形＋儿童活动设施； 2. 地处阴凉和私密处的休息座椅
9	Gleim-Oase		1. 交通道路中央岛区域； 2. 木质围栏围合中央活动休息区； 3. 植物搭配和实现对私密性的保护
10	Lesser-Ury-Weg		1. 分布在居住区内部的零散又各具特色的小型活动空间； 2. 亭子和休息长廊，点缀雕塑
11	Otto Park		1. 中央花境种植区域和整面石材的休息座椅； 2. 容纳人数众多，儿童、年轻人、老年人均能在此找到恰当的休息方式和区域

序号	位置	案例相关图片	公共空间类型特征
12	Gleimstraße 居住区内部公园		私密性很强的居住区内部公园，有乒乓球、爬梯秋千、儿童玩耍沙地等空间要素，周边围绕一圈行走路径
13	Weltbaum – Mural 儿童活动场地		1. 一侧是安静的休息区，三组大型长条形座椅围绕树木展开； 2. 另一侧是采用绿色夸张色彩和抽象造型的儿童攀爬游乐设施，高饱和度的颜色和木质感的构件，成为火车沿途的独特风景
14	Lehrter Str. 居住区内部绿化和小公园		1. 和基地轮廓之间有 45° 夹角，形成独特的三角形空间场地； 2. 场地座椅结合地下停车场的通风口位置设计，形体自然流畅； 3. 每个单体小公园内的绿植搭配高低错落有致，适合儿童尺度的场地坡度； 4. 设计品质良好，维护状况也良好
15	Böckler Park		1. 景观视野良好，河边休闲座椅上人数较多； 2. 场地设计自然风貌较好，坡地行走感舒适
16	History Park Cell Prison Moabit		1. 火车站附近原监狱旧址上改造形成的公园，对原场地记忆元素的再现和重塑； 2. 分布在中央和东西两处的构筑物和整体的轴线控制关系

序号	位置	案例相关图片	公共空间类型特征
17	Kohl Bush Gorbachev Monument		1. 办公楼前邻近交通干道的小型景观花园； 2. 绿植设计搭配良好，对街道空间尺度的完整具有积极作用
18	Mondrian Suites Hotel Berlin		1. 位于居住区内部的圆形活动区域，夸张的造型抢眼但并不突兀，同周围建筑的整体风格相协调； 2. 与南侧的城市步行街道和幼儿园前场地景观设计统一
19	Verbraucherzentrale Bundesverband 前圆形广场		形状简约，空间层次分明，休息座椅围绕绿植展开
20	Wassertor Platz		自然起伏的场地、舒展游廊的慢行路径以及供人休息的长廊，配合树木形成良好的空间氛围
21	Nelly Sachs Park		1. 场地中央水池的观景平台红色枫树极其抢眼，成为公园的点睛之笔，与对面的湖岸休闲座椅区遥相呼应； 2. 湖面的西侧，儿童游览设施建在土坡之上，家长座椅沿弧线布置
22	三角线公园东侧居住区		1. 将公共空间围合在内部； 2. 每个一层住户空间前都有一片小型绿化用地，可供种植花草、摆设游憩设施

序号	位置	案例相关图片	公共空间类型特征
23	Flottwell Berlin Hotel 北侧居住区		Schöneberger Wiese 西侧六栋呈 U 形和 L 形的住宅，分列 Flottwellstraße 两侧，在住宅内部围合出安静的室外活动小区域，配合小型儿童游乐场地、休闲坐凳等
24	Methfesselstraße 街角小公园		BIER Café 和 Bazar Noir 家具店前空间，从咖啡厅延伸出来一个缓坡，既限定了咖啡厅室外区域位置，又和周围室外空间形成区分
25	Bayerischer Platz		1. 柏林历史公园，地铁站前广场空间； 2. 包括一条笔直的贯通路径，两侧节点为喷泉水池和圆形休闲空间，慢行步道分列两侧
26	Pudesheimer Platz		1. 地铁站东侧占据一个 62 m×218 m 约 1.35 万平方米居住区位置的街区公园； 2. 要素包括地坪的高差、花池、喷泉、雕塑、休闲座椅等
27	S Grunewald 街角绿地		在道路两侧四角形成的四块类三角形场地空间，每个场地包括绿化、花丛和一条穿行路径
28	Volkspark Schoneberg Wilmersdorf		1. 柏林历史公园，地铁站前广场空间； 2. 有绿植、花丛和顶端喷泉设施，目前部分正在维修

序号	位置	案例相关图片	公共空间类型特征
29	Paradestra 居住区内部公园、广场		1. 该片区住宅以私人独栋别墅为主，多数沿街花园为私人拥有，但是没有严格的视线围挡和阻隔，所以可以保证街道的安全和舒适性； 2. 在中央有一大型核心公园，端部有花池围廊，公园两侧是环形慢行步道
30	Helmholtzplatz		1. 长条街边公园，包含儿童游乐设施； 2. 与道路有一定的高差，保证视线不通透和内部空间的私密性
31	Berliner Hinterhöfe		它是柏林核心商业圈亚历山大中心的商业建筑，包含五六个内部小庭院，尺度非常宜人，环境幽静，恰当地点缀在人们步行路径的沿途
32	Argentinische Allee & Onkel Tom straße 居住区		处在中央的原始森林般的核心公共活动中心。建筑色彩上以绿色、蓝色、红色为主色调，配以醒目的黄色，建筑 3~4 层，多以联排长条形式呈现
33	Berlin Fünf Morgen 居住区		中央湖面成为控制整个居住区建筑排布的核心，人行步道形态自然流畅

序号	位置	案例相关图片	公共空间类型特征
34	Viktoria-Luise-Platz		椭圆形的中央公园形式，喷泉和休息长廊、绿化等要素点缀其中，与公园周边的建筑围合尺度关系良好
35	Olivaer Platz 国家公园		毗邻帝选侯大街南侧，整体呈现长方形形态。内有绿化、花境、休息座椅等要素
36	Prager Platz 国家公园		同序号 34 的空间类似，地处居住区核心商圈的中央，同周围建筑尺度围合感良好
37	Hohenzollernplatz 国家公园		处在福音教堂 Evangelical Parish at Hohenzollernplatz 西侧和 Hohenzollernplatz 地铁站东侧，视线通透，景观良好，又不乏私密幽静空间，能够让人享受片刻的宁静
38	Nikolsburger Platz 历史公园		被两条非车行道包围，中央的少女与鹅的雕塑成为空间的主角，围绕大型树木灌丛形成树荫下的休息空间和场所

序号	位置	案例相关图片	公共空间类型特征
39	Heinrich-von-Kleist-Park 国家公园		历史遗迹和绿化场地的结合，周围坐落着三座古迹和法院等重要公共建筑

资料来源：案例 8、9、10、11、12、13、14、15、16、17、18、19、20、21、22、23、24、26、27、28、29、30、31、37、38、39 为笔者自摄照片，其余案例笔者也亲自走访调研。

案例 1~7、32 采用了居住区平面图而非特定某个场景图是为突出几个居住区的形态对比，图片均截取自谷歌地图；

案例 25、33 因俯瞰图更能展现项目全貌，故采用了 https://www.luftbildsuche.de/info/luftbilder 网站图片；

案例 34 图片和 36 图片来自：https://www.berlin.de/senuvk/umwelt/stadtgruen/gruenanlagen/de/gruenanlagen_plaetze 和 https://www.berlin.de/ba-charlottenburg-wilmersdorf/ueber-den-bezirk/freiflaechen/plaetze，因笔者考察时天气状况不佳，故采用了更为清晰的网络资源图片；

案例 35 因笔者调研期间也正在维修，故采用了 https://de.wikipedia.org/wiki/Olivaer_Platz 网络搜集到的维修前公园照片。